文以载食

于逸尧 著

简体版自序

我很高兴，是真的很高兴而不是客套式的开场白那种高兴。高兴是因为两册早前由香港三联书店出版的饮食文章结集《文以载食》和《食以载道》，难得有机会结合成一册简体字版，在内地发行。

真心的高兴，是因为重视、稀罕这个偌大的内地市场——这样赤裸地提到市场，有些香港朋友可能会觉得风骨尽失。我也不知道这是否单独跟风骨有关系；我相信自己是在尝试诚实不欺地面对自己的欲望和剔除对它的恐惧。

人生最基本的，是“活着”的这个事实。活着本身，有一种无须解释、且无可解释的绝对尊严。如果我从第一口到最后一口气，都是活在一个无人之境，我还是要依从天然的定律来“活着”，还是要对大地万物有一份认知性的敬畏，才能够激发自身的本能来维持生命，直到死亡来临的一刻为止。然后，我的遗骸自有天地收纳善用，无挂无牵。

今天的世界，表面上繁复错乱得不可理喻，但这也不是去放弃、去躲避，去犬儒地明哲保身的借口。就好像你所吃的，即使你种植自己的瓜菜，喂养自己的禽鱼，春耕夏耘秋收冬藏，也不等于你可以完全置身尘世事外。一个筑路工程，一个核电意外，甚至一个政策上的改变或者一个企业家的新念头，也可能令你的所有顷刻化为乌有。

今天我所居住的城市，许多人积极地向北看，有为了眼前的事，也有为了肩负的事。我在写作这些饮食文化稿子之初，完全没有思考过南腔北调这些事情。我的视点，无可避免地被我以往所受的教育和成长时周边的文化环境影响。我无法假装自己是一种怎样的人，我就是个香港长大的中国人。吃东西想事情，我也是靠着一个习惯了中国菜的味感和一个用汉语思考的脑袋来运作的。

味道是一种主观的东西，所以它可以讨论的层面其实是很广阔的，就如一切在人类文化中触摸不到的概念一样。所以，“食”在最深层次里面所包含着的，是生活的艺术和美学观念。我们彼此所属的这一片黄土大地，正在贪慌地发展、急躁地求变。许多故有的，不管好坏，都被埋没了、牺牲了，或者是淘汰了。那些是根，是吸收养分的途径；那些是基，是万丈高楼的坐镇。

我常常反思，每每有外籍朋友来我们这边旅游，我们最爱介绍给他们的，总是有关吃的事情。我们其实是知道自己的文化中，饮食的一环是至今保存得较为完整和较为值得我们引以为傲的。它默默地守护着这个民族的深层文化根基，维系着每个人每个家相承的一脉。

我相信我每天在香港，都可以吃到神州大地的泥土栽培出来的蔬菜粮油花果肉食，也可以饮用到蜿蜒灌溉南中国肥沃田园的东江河水。这些资源有份维持我的生命使我的脑袋活跃、味蕾敏感、指尖有劲、笔杆灵巧。于是，我可以自由地分享我的感受和看法。这些分享，如今有机会远达供给我肉体和精神上养分的母亲大地。我若视之为市场，也只因我在卖的是一本书。但我真心寄望诸君所买的，是一道小小的桥梁，一道尝试去诱导我们大家一起，去爱惜爱护我们共同文化根源的新桥梁。

于逸尧

2012 年夏　于香港

繁体版《文以载食》原序

何秀萍@人山人海：我的另一半

我做人很糊涂，他做人很清醒，我时常向他取经。我做事很马虎，他做事有条不紊。跟他一起筹备的话，多数事成。我胡乱花费，他精打细算。理财之道，怎样也不够他心水清。我们却有着一样相同的热爱：对食物一种执著的要求；一致的进食速度：可慢则慢。这样的一个可以帮补我性格缺憾又能同谋饭聚的朋友，最后当然亦成为彼此的最佳食伴侣。

于逸尧和我，相识以来，积聚了不少唇齿口舌味觉记忆，分享了不少彼此的饮食哲学，例如我们都不用微波炉，煮食只用明火或烤箱，喝开水是喝的时候才煮。我们都不认同“吃到饱”是对食物对自己最好的态度。我们都尊敬会 hand-made 食物的人。

除夕夜，我们聚在朋友家中卖懒，勤奋的他在厨房为大家张罗饮食，我也穿上围裙与他联手炮制蚝油鲍片，他看着我尝试将煮热后又降了温的鲍鱼罐头打开时，不知怎的盖子突然弹开，鲍鱼汤汁飞溅而出，沾得我一头一脸，我们俩在厨房内又笑又叫，厨房外爆竹一声除旧。盛夏的 Napa Valley，我们举杯，喝进嘴里的香气和泡沫在口腔中爆破，我知道他还记得喝下去的是哥导专为爱女酿制的 Rosé “Sofia”和哥普拉酒庄内的阳光温度。那杯在三藩市华伦西亚街 La Luna 喝下的 mojito，是我们喝过最完美的调制，也记载了我们最心碎的一段旅程。在台北，我们六点钟起床去吃八点就会售罄的清粥早饭，将美味的煎鱼、煮茄子、青菜和稀饭送进嘴里后相视一笑，都知道那早晨没白过了。

《文以载食》中介绍的食物，大概有八成我都因有食神关照而品尝过，而大概有一半都是阿于跟我一起享用的，在过程中，他有一搭没一搭地絮絮告诉我的很多食物知识，都图文并茂地整理在这册书中。从今以后，案头放一本，他应该可以省回些答我电话问功课的时间，多写几首至尊歌，造福我们另一个精神粮仓了。

于逸尧：谢罪

我不是食家。实际上我根本不能被称为什么“家”。这个“家”的名衔说出口太容易，拿来当恭维话既方便又稳妥，就好像在餐厅对侍应喊一声“靓女唔该”，听者无论如何都欣然受落。然而，有多少人会因为被这样一叫，便从此深信自己一副尊容几可蔽月羞花俨如天仙下凡呢？“面子是别人给的”这话没错，但动辄互扣“乜乜家”、“物物家”的高帽子，信口雌黄唯唯诺诺，我想那些深藏不露的大师们看在眼里，简直比稚子们玩家家饭更儿戏。所以，我不是食家。

我更不是一个作家。因为我为人大言不惭，爱矫枉过正但又怕事得要死，所以那天当我的好姊妹曹乐欣小姐大胆约稿，我就暗暗欢喜得连稿费都抛诸脑后，一心只顾自我沉溺在这个丁方一尺的小园地之中，也不理人家办杂志的理念与风格，只顾不留余地狂妄立论，以又长又臭的文字每月虐待编辑一次。唯有照片尽量拍得优美点，好使读者翻页时，不致视我这个栏目为眼中钉，影响书容。如此放任无耻，绝非一个作家的所为。

所以，当三联的李安小姐打电话来，说有意出版我的自溺图文，我是问心有愧的。既不是食家又不是作家的我，学人出版有关饮食的文章结集，是不自量力。要感激香港三联书店的宽仁，曹乐欣的宠爱，***Milk X*** 阿威的忍耐，阿 Ken 与其他 ***Milk X*** 杂志同事们的包容，李安的错爱，何秀萍的仗义，饶双宜的通情，设计、校对和排版同事们的苦心。他们一起为书描绘了一个美丽的装容，遮掩我的丑陋，保护我的自尊。

希望这本书的内容没有令人太过失望，特别是两位养我育我和教我怎样去吃的恩人——还在身边的爸爸和已经离开了这个世界的妈妈。

繁体版《食以载道》原序

何秀萍@人山人海：原来

你和朋友一起吃饭的时候，会聊些什么？

上馆子的时候，你们会不会留意桌布的花色和质料？

碟子的一道裂痕，可曾令你想起小巷子里面的秋意和嘴里的鲜甜？

一只汤匙的重量，会不会让你更加肯定选对了餐馆？

一杯咖啡的浓稠度，会不会助你记得那天，饭桌上置了什么花？

我和阿于去吃饭，常常会因为点了的一道菜而聊开，菜上了又静下来，默默地享受眼前的食物。吃着吃着就说起对这个菜的一些记忆或感觉，甚至是我们对它的疑问。做法会不会是这样那样？加些什么减些什么会有什么不同？

除了食物，它周边的一切都是我们闲聊话题，例如怎样收拾一只中西合璧的野餐篮子，熏衣草香盐的各种用法等等。

顾盼之间，又说到餐馆的光线如何影响食欲，邻桌的食客竟不把剩菜打包？！

我又留意到他有一个习惯，如果那馆子有铺桌布，他会不时好像抚摸一只猫一样摸他面前还没有上菜或没被餐具占据的一方桌布，那张桌子那天一定会很窝心。

我们都喜欢原汁原味，作料不用名贵只要新鲜。吃到了就会心满意足，相视一笑。我们都爱看烹饪书和电视节目，看了犹如食了那么欢喜。因为我们都不是吹毛求疵的人，所以能坐在人头涌涌桌椅永远有油渍的小店内喝豆汁吃焦圈就笑了。

我有时会想，如果父亲还健在，他跟于爸爸应该会像他们的儿女般投契的吧？！因为我们对食物的兴趣、知识和好奇心，餐桌礼仪都是从父亲那儿来的。

今天的父母，有亲手做饭给孩子吃吗？会跟孩子们同台食饭告诉他们这个季节有什么好吃吗？会带他们去吃其他国家的食物而不是自助餐吗？会做最简单的牛油拌饭你一口我一口干掉一碗当宵夜吗？我当然希望这些家长，到处都有。

有心没时间？不要紧，相聚时间不在长短，善用便够。旨趣生自专心、用心，跟做饭，吃饭一样。力不从心？那么，孩子睡觉前，给他读一章《食以载道》，一起“听当食”吧。

2011 年秋

于逸尧：没有不好吃的食物

没有不好吃的食物，只有未开窍的味蕾；

没有不文明的食桌，只有未破解的迷思；

没有不温良的安乐饭，只有未琢磨的平常心；

没有不世故的地方菜，只有未尝懂的人情味；

文以载食，食以载道，

但愿我能每天学习，

学习如何去还食物一个公道。

2011 年 10 月 4 日于香港

因食之名

CH1

一片假名

吃饭可以令人很懊恼。

不是说吃饭本身会令人感到懊恼，而是有些时候，餐桌上的一些繁文缛节，着实可以令人莫名其妙地含冤受屈一番。就如吃西餐的惯常程序及正统礼仪，对于自幼浸淫其中的洋人们，是理所当然的事；但对于从来没有需要吃西餐的人来说,却俨如外星文化。譬如餐桌上放的一大堆刀枪剑戟,不明就里的，是没有可能凭空想象到它们各自各的用处；换转是从没接触过东方文化的外地人，给他一双筷子，恐怕他做梦也不会想到,这两根幼小棒儿的广大神通吧。

说起筷子，当我还在加拿大打滚的时候，有一次遇上一位年轻洋人，他是我旧同学的室友的朋友，是个硕士生，话语滔滔，不乏趣味。之后大伙儿一起午饭，选了当地驰名的私房越南金边粉，老板娘照例只派筷子。他拿着双筷满脸不悦之情，原来他不会筷子功，立刻要换过叉子之余，还发表了一则“既然有刀叉这些方便的餐具，不明白为何东方人不弃用麻烦的筷子”的神奇论点。英语会话能力欠佳的我，当时只有无奈挨听的份儿，一碗美味的金边粉都要从脊骨吞下去。

有一次跟一位厨师做访问，他说上馆子最令人觉得受冤屈的事情，就是看不明白菜单。不光是语文上的障碍令人看不明白，而是菜单上的一字一句你都读得懂，但加起来却完全不知道是什么一回事。这听起来好像很荒谬，但却是真实的，大多在一些沽名钓誉的餐厅的餐牌上发生。通常菜名越是冗长深奥、装腔作势，煮出来的就越容易教人失望。

有些传统的菜式，也有其取名令人摸不着头脑的例子。然而，这些指鹿为马的菜名，不但不会令人有被戏弄的感觉，反而为菜肴平添不少趣味性，甚或近乎诗意的文学色彩。远的先不说，就说说大家宾至如归的港式茶餐厅。一味“冻鸳鸯”就足以令不熟悉港式饮品的外来客为之汗颜。纵使中国语文有一定水平，也极其量只能猜度得到，是由两种既不同又类似的东西调配而成，断未能即时联想到“咖啡沟奶茶”这样刁钻的组合。再来一只外地输入的“黑牛”（Black Cow），就肯定教不知情者哑然失笑；谁又会想到“巧克力冰淇淋加可乐”，原来就是一头“黑牛”这样淘气调皮？不过，一旦洞悉名字背后的语妙绝伦，就会对这些菜式饮料留下深刻印象。这也许是命名者一时兴起所造就的意外美事。

中国人的传统文化，许多时候比较崇尚含蓄的表现方法，喜欢借意来暗指想要讲的事。这在许多不同的艺文领域中，都是十分常见的。而饮食作为其中一种历史最悠久、流传最广泛的民间艺术，出现借意生名的例子十分理所当然。只是今天的我们，无论在情操上和修养上，都无法与前人相比，常常习惯了不加思考，只懂望文生义、对号入座，一点儿闲趣都没有。“驴打滚”当然没有驴肉可吃；“佛跳墙”既不是斋菜，也没有武僧表演轻功；“蚂蚁上树”不是叫你扮食蚁兽爬树吃虫；“红烧狮子头”亦非森林大火，或者万兽之王要去烫头发；“金钱鸡”不会下金蛋；“肉燕”亦绝非流莺；“夫妻肺片”没有伦常惨剧；“酱爆樱桃”更不是要去夺人贞操。其实，看不懂一点也不打紧，问一问楼面侍应，有质素的必定乐意给你娓娓道来。最坏的莫如被自己的一时无知吓倒，不敢问也不敢吃，白白失去了一个学习普通常识、培养生活情趣的好机会。

桂馥兰芳　有凤来仪

就拿两道广东菜，来看看名字游戏的一些常见玩法。第一法是把食材诗化，提高菜名的格调。这菜可谓其中的表表者："炒桂花鱼翅"是有用真鱼翅的版本，但我更喜欢粉丝当鱼翅的平民版。不但因为中国人近年的暴发心态，乱吃鱼翅引起海洋生态危机，也因为用粉丝来做这道菜，着实比用真鱼翅优胜许多。鱼翅的准备工序繁复，本身淡然无味，也不容易吸收汤汁的鲜味。粉丝却是灵活得多的食材，价钱便宜，容易储存和处理，最棒是它是一种无敌的吸味体，能把锅中的所有味道融为一体，并且牢牢锁在它半透明的幼丝之中，隔天再吃味道不但没有流失，反而会变得更浓更和味。

图 1-1

至于桂花，其实就是蛋。可以是鸡蛋，有鸭蛋的话味道和香气更佳。因为这道菜若果做得对，蛋应该会被炒得散开，一瓣瓣散落在"鱼翅"之中，带点淡淡的嫩黄色，并且蛋香四溢。用"桂花"来比拟这些美味的蛋块，实在十分贴切。如此，一味家常的"粉丝炒蛋"换了个优美的名字，令人吃的时候增添不少食趣和遐想。

另外一些常见的指鹿为马案例，大多和发明菜式时的历史故事，或者和菜式做出来的效果有关。顺德名菜"大良野鸡卷"就同时有这两种可能性。大良是这味菜的发迹地，野鸡当然不是材料。这菜用的只有冰肉（即猪背部近皮的肥膘切薄片）、柳梅肉和经过蜜饯去咸的宣威火腿芯，层层卷起来放热油炸脆或干锅烘脆而成，是个百分百的猪肉菜。其"野鸡"之名的由来有许多不同的说法：有说原本是用鸡肉成卷

图 1-2

的，但因厨房缺鸡而被迫用猪肉代替，后来发现效果比用鸡肉好因而得名；也有长篇大论的说此菜怎样几经辗转，由兰州传到来顺德云云，言之凿凿。不过我还是愿意相信，这菜是为了模仿鸡的质感与味道而做的，“野鸡”之意，似乎并不是指雉鸡一类的野味食材，而是“野”相对于“正”，“野鸡”有“不是正式的鸡肉”的意思，与全用咸蛋白做的“赛螃蟹”的“赛”字（有“比得上”的意思）的用法，其实是异曲同工。这种说法正确与否，以我的知识能力实在无法验证，只是希望在此分享一下我个人的猜想吧。

蟾宫玉兔　别有洞天

这一类菜名的哑谜，全都是有关于语言文字的，如果对那种语言没有较为长期或深入的接触机会，是很难单单倚靠翻译来玩味出个中巧妙有趣之处。香港好歹都算得上是个双语的城市，耳濡目染之下，大众对英文及英国文化，都总能从这里那里，不知不觉间窥见一鳞半爪。所以，我们幸运地可以在许多文化的范畴里，作出粗疏的平衡比较，就如这个名不正言不顺的菜名的课题，原来在英国的餐饮文化中，也有许多相近的例子。

我最近搬了家，从旧屋运来的箱子还未来得及开封，就赶先到新居附近仔细视察，看看有什么有看头的食店可以去光顾一下。荷李活道一带是香港岛其中一处最早开发的地区，尽管时移世易，还是保留了一种难得的老香港气质。这种气质也孕育了许多新一代的精美餐厅食肆，Yorkshire Pudding 就是其中吸引了我眼球的一家。

炮竹红色的大门内，是一处挖空心思的新派英伦格调酒吧加餐厅。这里卖的当然是传统英式食品和饮料，包括点题的 Yorkshire pudding。这种 pudding 并不是甜品的一类，而是英国一种独特的主食。用面粉鸡蛋和成的稀面糊，加上烧烤肉类时所溢出的大量动物油脂，熊熊炉火配合灼热铁锅上的动物油，令面糊快速膨胀，形成轻盈松脆的 pudding，配合烤牛烤羊等，和烤肉的肉汁及烘马铃薯一起吃，就是英国人最经典的 Sunday Roast。

这里的英式食品，完全忠于其朴实无华物尽其用的本质，亦因为用料新鲜，做出粗中有细的美妙效果。英国餐跟高档法国餐或中国菜有基本概念上的分别，英国菜没有繁复花巧的处理程序，因此在美艺和食味的层次上，都可能欠缺了一点点精致玲珑。但它的务实谦卑，亦不失为一种能食用的美德，加上若果烹调得宜，每一味菜其实都是一口安乐饭（comfort food)，令人可以舒坦地把情怀寄托于其中。而 Yorkshire Pudding 餐厅的食物，就有给我这种

comfort food 的感觉。

Comfort food 不一定闷蛋，它可以是充满趣味的。打开 Yorkshire Pudding 的餐牌，会发觉有很多名字古怪的菜，例如 toad in the hole、Welsh rarebit (Welsh rabbit)、bubble and squeak 等等。最怪异的 toad in the hole，难道真是吃沟渠里头的蟾蜍不成？结果这些古怪的名字当然都是戏言；toad in the hole 的 toad，不是真的蟾蜍，其实是香肠；而收纳这些香肠的 hole，其实就是一个大的 Yorkshire pudding。至于那只威尔士小兔子，身世更加莫名其妙；rarebit (rabbit) 原来是一种用芝士、啤酒、芥末煮成的酱糊，把这酱糊淋在烘热的面包上，就成了 Welsh rarebit，情形有点像 croque-monsieur（一种典型的法国式火腿干酪热三明治）。其实 croque-monsieur 也是一个莫名其妙的名字，绝对可以列入名不正言不顺的类别。Welsh rarebit 有个亲戚，叫 buck rarebit，是 Welsh rarebit 加蛋的版本；无独有偶，对岸的法兰西也有个 croque-madame，亦是 croque-monsieur 的加蛋版本……

图 1-3

所以老套一点地说，“四海之内皆兄弟”，差异无论怎样大，始终会发现一些共通之处，就只在于你是否愿意打开眼睛耳朵心灵，去细听细看细味而已。

金门庄	西环德辅道25号德辅大厦3字楼01室 电话：852 25432202
风城酒家	北角渣华道62-68号高发大厦地下及1楼 电话：852 25784898
Yorkshire Pudding	中环苏豪士丹顿街6号 电话：852 25369968

平安京

记得小学六年级的时候，老师们可能想我们好好准备升中同时，多思考自己的角色定位，所以在课堂中花了很多时间，跟我们好像聊天一样，自由讨论不同的人生课题。我实在不知道该怎样去感谢一班老师们的心思和勇气，他／她们不怕偏离政府钦定课程教案，全为了多争些时间，尝试启发我们对自身的醒悟。这着实是我的幸运，我是很应该认认真真地谢恩的。

有一次，老师忽然问了我们一条问题：英国人会说自己是英国人；法国人会说自己是法国人；那你会说你自己是什么人？当时举手发表意见的同学很踊跃，有的说香港人，有的说英籍华人云云。当然，也有干脆利落地说是中国人的，但对此表示认同的同学明显比对香港人或对英籍华人表示认同的少很多。

我记得当时自己也好像很虚荣地自认英籍华人，今天回想起来，当然可笑。十岁小孩似懂非懂的观点，当然不能当认真。但由此可见，我们对自己的身份认同，的确从小就充满了困惑。后来，可能因为汪明荃也理直气壮声嘶力竭地把《勇敢的中国人》唱成为大热金曲，“中国人”这个冠名称号才仿佛从禁忌词语中得以解放。而大部分又傲慢又怕事的香港人，才敢偶尔放下假洋人的身份，勉强屈就一下。

今日，说自己是中国人虽然好像比以前易于启齿，但当然未见得要心甘情愿。有些人还是觉得“香港人”好像是个名牌一样，说出来蛮馨香的。真相却可能是，你张牙舞爪自认香港人，人家其实却只看到一头被前殖民地遗弃的猪，自以为主人走了，自己穿了金戴了银就是当家做主，真是笑掉人家的老大牙。

如果你问我，我会说我住在香港，但我是个百分百的中国人，I am Chinese。我不是不爱香港，但我还是觉得一句简单直接的“我是中国人”来得比较合情合礼。我说的也是事实，并不因为我引以为荣。

其实还有引以为尴的情况。而这种情况，就给我在京都遇上……

京都的日与夜

先别谈什么尴尬事，换换话题，来分享一桩赏心乐事。

在京都市内，有一个叫岚山的地方，算是有名的风景区，有山有水，还有一条名字很富诗意的桥，叫“渡月桥”，据说是很多情人相约交心谈情的好地方。我同行的朋友有位很要好的大学同学嫁到这儿来，加上这里着实是颇有名声的旅游胜地，我理所当然地要慕名参观一下，也好让友人与同窗好好叙旧。

岚山距离京都市区说远不远，说近也不算近，可以算是近郊吧。所以还是决定给它整整的一天，来个 day trip 仔细玩味一下。这天天气很好，中午前到达，极目四望，风景确实是有的，但未见得美得要神仙下凡闭月羞花那一种，却是很适合小学生秋季旅行，又或者是耆英中心办郊游斋宴兼拜佛的地方，宁静又平易近人，虽然不乏国宝级文物寺院坐镇，却也丝毫没有自命娇贵，反而很内敛，让人很放轻松的。最特别的是街道上有很多体魄强健年少英伟的人力车夫，你可聘用他来拉车，载你漫游岚山各大名胜古迹，他们还会充当导游沿途细心讲解。可惜我日语能力非常有限，大概不比他们的英语强，无缘享受这种贴心的服务。

既然说这里适合斋宴，就当然要趁机尝尝日本的禅味。

朋友的同学很细心，给我们介绍了岚山天龙寺旧厨房改成的一处专门吃“精进料理”的地方，来一顿全豆腐午餐。京都的豆腐是有名的，到禅堂来吃豆腐就更加有意思，更切合主题。所有东西都是淡淡的，换到香港来，香港人一定认为味道清寡、淡出鸟来。其实味道应该会受环境影响，在香港这个浮华片片的地方，舌头也自然会变得迷恋红尘，追求膏粱厚味；所以在这样一个清幽而古意盎然的地方，食物的味道当然会随之而出尘脱俗。在这种环境心情下吃着几近原味的食物，确实有一种禅意。

不过像我这样的凡夫俗子，禅一个下午已经足够有余。太阳还未下山就迫不及待要去吹奏这次岚山之行的主题曲：怀石料理。怀石料理的名字由来，其实还是离不开禅；这种本来只有“一汁三菜”的简朴餐，是进行茶道前为免空腹而未能真正品尝到茶味所设。“怀石”意取古代日本僧人坐禅时怀中抱一暖石，用来抵御严寒天气及缓和饥饿时肚腹的空虚感觉。所以原来的怀石，绝对是克制欲念提升精神的一顿粗饭，而不是用来饱享口福的。只是后来渐渐变得贵族化，到了现代又再度给商业化，才变得极尽奢华之能事。不过日本人做事始终认真，对这种其实已经变了质的传统食文化还是把持得很认真讲究，令人无法不慑服于每项细节所营造出来的复古气氛，古今真伪融合得无从识别，浑然天成。

怀石源于京都，亦成名于京都。日本三大怀石料理名店之一“辻留”就在京都三条，另外一间更有名的叫“吉兆”，本店在邻近京都的大阪高丽桥，另一旗舰店就正好在古朴的岚山嵯峨野桂川旁。临行前早已订了位，餐厅来的确认订位电邮就不停多谢赏面光临，又说给你预留的房间其实很狭小龌龊，请你千万别介意等等。我一读就感觉到这必定是一间很了不起很气派不凡的餐厅。不出所料，平实得差点令人错过的大门内，是迷宫一样的林木庭园把所有客房分隔开。全程除了服务生和侍应外，没有见过其他客人。客房有平常香港家庭一倍半大，还有专用的庭园、回廊及洗手间，布置非常简单风雅，女侍应兼传菜却意外地轻松风趣，英语也十分好，菜式讲解得头头是道，令人印象深刻。这儿吃一顿饭的消费是属于相当昂贵的，但食味精巧细腻并频频有惊喜之处，杯盘装置顶级讲究，分量编排亦非常精准，可以说是物有所值。尤其当中三道菜用了时令的日本松茸(truffle)，一道烧松茸就用了整整一头，从金钱的角度来衡量当然是值回票价。更重要的是，整顿饭体现了人际间与大自然之间的尊重；对食材的尊重、季节的尊重；进食的与下厨的互相尊重；服侍的与被服侍的彼此尊重；当然也是一种对自己的尊重。可能因为有着这些尊重，加上席间隔壁不停传来隐约的艺伎歌舞助兴及客人的叫嚣声，令人恍如时空错调，回到古

图 2-1

图 2-2

代一样。这，就不是金钱可以轻易买得到的感觉。

历时差不多三小时的用餐完毕，最后不忘本地捧上抹茶来作为句号。侍应送至门外，举头望见阴历十五前的月光，笑语嫣然地祝贺我，说日本人把这个月圆前后有点像栗子形状的叫做“栗名月”，我刚巧碰上，又正值栗子收成的好季节，是“吉兆”。临行前还懂得借用四时景物来教你记好店名，这种托物寓兴的风雅情操，我们中国人都应该很了得罢，为何我从来没有在任何中餐厅遇见过？是我付的钱不够多，还是大家对整件事情所付出的都不够多？

平安京·圣善京

京都又称平安京，是古时日本因为受到中国文化的影响，参照中国古都洛阳而建成。今日，京都仍然保留一部分古代建筑及建设，并且用心用力，带着骄傲地来保护这个平安京的文物和它一点一滴的传统。从这些当中，我可以依稀想象古时中国文化的伟大。看着这些佛像寺庙、庭园草木，令我感到尴尬的是，我不知该为有人欣赏并学习及保存了我们的文化而感到庆幸，还是该为自己的文化遭受不懂事不争气的自己人摒弃荒废而感到悲凉。

后　记

此行除了要吃真的怀石料理外，另一任务就是要买一柄像样的厨刀。在京都市中心锦市场内有一间创业四百多年的历史名店“有次”，是专门卖刀修刀的。虽是古店，但店内系统很完善很体面，店员为你详尽解释之余，又免费为你所选购的厨刀刻名。厨刀之于厨师有如宝剑之于剑客，刻上自己的名字是对自己的工具及所学手艺的一种尊重。当场所见，就有几个寿司师傅，拿着刻了名的刀到店里来修理打磨。一柄好刀，和一个好人，或一切好的事物一样，都应该是一生一世的。

图 2-3

西山艸堂

京都府京都市右京区嵯峨天龙寺芒ノ马场町 63
电话：81　075　8611609

吉兆（岚山店）

京都府京都市右京区嵯峨天龙寺芒ノ马场町 58
电话：81　075　8811101

有次

京都市中京区锦小路通御幸町西入ル
电话：81　075　2211091

咬名食字

广府人有句俗语："唔怕生坏命，最怕改坏名"，意思是人不怕生来的命运坎坷，最怕是起了一个不对劲、不讨好的名字，那样对当事人影响才真的长远。这个说法本身有一个问题，就是无论相信命运主导一切，或者相信姓名影响人的运气，都会被人说成是鼓吹守旧和迷信的思想。然而，我并不完全同意，迷信不迷信取决于审视一件事件时所用的理念和方法，是过程和态度的问题。譬如风水命相，理应有它们包含心理学和统计学的一面，也有涉及建筑设计、渔农作业、气候地理乃至文化艺术的层面。未曾弄清楚这些学说的来由和方法，只从一般大众的行为和习惯贸贸然推测立论，也可能会被某些由文化差异引起的根深蒂固的偏见所蒙蔽，而对好些事物作出不公正的评价。

当然我也不是要鼓吹任何导人迷信的嗜好，我只是想温馨提出世事的非绝对性。许多时候我们对一件事物或者一个人物的误解，都是因为没有冷静地细心观察和理解，只是慵懒地选择相信最表面、最容易获得的二三手方便资讯，连多花一点儿脑力来质疑一下有关资讯的可靠程度都不情愿，就好像早阵子全民一窝蜂去争相抢购食盐，只因为误信谣言，以为吃含碘的盐可以对抗日本福岛核电厂泄漏辐射对我们造成的人身伤害。这无比荒谬的事件，现在回想过来你可能会觉得很可笑。但类似的由无知和反智所引发的怪事，其实每天都在我们的社会发生，不知有多少人因此而受到不公平的对待，想到这里就真的无法笑着面对这些人间悲剧。

话又说得远了。原本是想讨论一下“名字”这课题的：人类跟其他生物最大的分别，相信是我们对自己和身边一切事物的认知，和从这些认知当中我们如何能够创造世界。启动这过程全凭我们的思考能力，而这能力是靠我们自己所创造的语言文字具体化地确立和呈现。所以，语言和文字是我们文明的最基础建材。世间上任何事物，纵使自然而然地存在着，但经过人类对它们的逐一发现、审视和命名，它们的存在意义便从此改变，一个世界就是由这些命名和分类的功夫所累积起来的，一切有形无形的事物概念都由此正式进入一个归一的系统之中，生生不息扣扣相连。所以，若果由这个严肃的角度来看，一件东西或一个人物的名字，的确对本体有着惊天地泣鬼神的重要性和意义。再夸张点说：“你就是你的名字；你的名字就是你。”“苹果”之所以是“苹果”，因为它叫做“苹果”。很玄妙吗？是的，但玄妙得非常真实。

民间小唱

引发我有以上这一大堆混乱的想法，起因是最近吃过的两种很平凡但却又十分不寻常的食物。食物一如世上万物，都是因人类起名而确实地存在着。食材有许多是来自大自然的，是属于人类的“发现”(discovery)，性质和鸟兽虫鱼、天文地理等相似；菜式却绝大部分是人类的“发明”(invention)，或更确切地说是人类的“创作”(creation)，与建筑、文字、药品或纺织等等事物类同。所以说食是一种艺术是一个非常理性的论说，而绝非纯粹感性或浪漫的演绎。一样食物的名字，许多时候已经是一种创作，其中包含了许多趣味性的料子，亦可以从名字中窥视一些和历史文化相关的线索，是很有意思的软性通识教材。简单平常如“馄饨”、“月饼”、“伊面”、“柱侯酱”、“古老肉”、“太史蛇羹”、“叫化鸡”和“伦教糕”等等，千千万万个菜名有千千万万个故事在背后，当中不仅记录了民族的生活智慧，也展现了传统的美学观念，是了解自家文化深层结构的宝贵线索，也是外人学习我们人文艺术的方便之门。

我常常抱怨香港回归之后，民间对认识祖国这回事似乎毫不热衷，同时亦不见得会更懂得去保护自己城市的独有文化特色，只是变本加厉地见利忘义，人人铜臭庸俗自卑自怜。这种“两头唔到岸”的状态，令社会风气比从前更迂腐和守旧，连去尝试接受中国不同省份特色菜的勇气都欠奉，越吃越纳闷无味。就以西北菜为例，我有一次好想吃一碗比较正宗的羊肉面或者羊肉泡馍，苦苦找寻了数天，用尽方法都遍寻不获，连名不副实的“假店”也没有一家，可想而知这种在北方非常普通的食品，在自称识饮识食的港人的脑袋里根本就不存在。其实只要将全港的“假”日本寿司店的十分之一转为推广中国各省地菜系的小馆子，香港的饮食地图以至饮食文化将会变得更踏实。

香港找不着的，竟然给我在温哥华找到。在我彼邦的老家附近，有一家叫“西安小吃”的熟食小摊子，老板看样子是个胸有成竹的西北汉，卖的面也跟他的人一样稳妥。店铺前面络绎不绝的客人，大都是老乡里及中国内地移民，还有少数年资深的香港侨胞。这里可以吃到风味到位的羊肉汤、泡馍、肉夹馍和凉皮等等陕西关中地方民间小吃，而我最喜欢看着老板即点即拉面条，更常常惦挂着他的油泼面。油泼面的“油泼”，即是“油泼辣子”，广义地说也就等同广府人士所谓“辣椒油”。油泼面的面条很有特色，叫“扯面”，是

图 3-1

一种韧劲比较强、面条粗而阔的手工面食，是陕西民间著名的“关中十大怪”之首。所谓“面条像腰带”，就是指关中人吃的扯面阔得夸张，夹起来又长又宽有若古时人所用的腰带一样。

这种扯面中的宽面条版本，有一个陕西方言的俗称，叫“BiángBiáng 面”。那 BiángBiáng 二字虽然传说是由打面或吃面时的声音演化过来的拟声字，但既有其音亦有其形，不单能够写出来，而且还是汉字之中笔画最多的一个字。最常见的写法有 56 画，最繁复的写法更加有 71 画之多。因为字形结构复杂，当地人还有歌谣来帮助记住 Biáng 字的写法，例如最常见的 56 画版本，由“宀八言幺幺马长长月刂心辶”组合成，歌谣是这样的：

一点飞上天，黄河两道弯，

八字大张口，言字往里走；

左一扭，右一扭；

左一长，右一长；

中间夹个马大王。

心字底，月字旁，留个钩搭挂麻糖，推个车车逛咸阳。

就这样边唱边写，一个看起来奇怪得像符咒的字，在陕西地区一代又一代地传下来。那种宽若衣带的扯面，也凭着这个奇异的名字而更受当地人爱戴，千秋万代成为陕菜中的代表食品之一，是游客必吃之选。所以一个有趣味性有历史文化背景的菜名，的确能够提升食物的知名度。

名正言顺

在偶然遇上油泼面之后，我又偶然遇上了另一样从西方饮食文化大国法兰西过来的，名字有点儿特别的小吃。遇上的地点是我香港家附近一家开业已经三年多，正准备在九龙区开设分店的法式杂货店 Monsieur Chattè。这家位于上环窄巷中的全幢小店，是一处可爱得不得了的西南法式美食天地，因为老板自己就是从那个地区来的地道人士，所以对入口“拣手”美酒芝士及各种干湿货都非常有办法，基本上大部分在店内找到的法国西南部特色食品，莫说在香港，就算连在巴黎也不是随处可以轻易找得到。小店亦不是只售进口货，店主在别处设有食品工场，每天新鲜制造如 pâté (肝酱)、rillettes (肉冻)和 petite madeleine (玛德莲蛋糕) 等等法国美食。其中一款香港很少见到，但其实相当有名和受欢迎的小甜点，全城应该只有这儿可以找到鲜制的。这味形状像百褶裙又像皇冠的抢眼点心叫 Canelé de Bordeaux，有大小两种。大的可作为晚餐桌上的正规尾道甜品，而这小店卖的，是通常当做点心或早餐来享用的细小版本。

Canelé de Bordeaux 的历史大约可以追溯到法国大革命之前。这甜点几百年来经历了多次兴衰，上世纪中后期又再次流行起来。它的名字有一个非比寻常之处：原来这款点心的法文名字本来叫做 Cannelé，中间是有两个“n”的。后来它声名大噪，发源地波尔多（Bordeaux）的一群甜点厨师于 1985 年组成了联盟，为了确立 Cannelé 为该地区的特产，跟其他地方制造的 Cannelé 区分出来，决定把名字中其中一个“n”拿走，变成只此一家的 Canelé de Bordeaux，所有其他地方的厨师做的只可叫做 Cannelé Bordelais。把最优秀产区加入食物名称中这做法，我们中国也十分常见，如“淮山”、“川贝”、“金华火腿”、“北京烤鸭”等等，实在是多不胜数。但连本身的名称也改头换面，变成一个全新创造出来的新字这般“霸道”，实属非常特别的例子，也由此可见法国文化对食这方面的重视程度。

西安小吃

Shop 2370, Richmond Public Market,
8260 Westminster Hwy., Richmond, BC

Monsieur Chattè
Grandes Saveurs
de France

上环文咸东街 121 号地下
电话：852 31058077

碌结与吉列

我记得有一次，有台湾的音乐制作人来香港，我们到翠华茶餐厅吃晚饭，边吃边开始谈论起香港街道的中文名字。那位台湾音乐人说，每次来到香港，看到街道上的路牌就忍耐不住想发笑。我们香港人习以为常的广州音译英文街道名称，原来对于来自其他华语地区的客人来说，是很古灵精怪贻笑大方的。譬如说“吉席街”、“砵甸乍街”、“屈地街”、“鸭巴甸街”、“毕打街”、“亚皆老街”、“窝打老道”、“奶路臣街”等等等等，不能尽录的离奇名字，意外地为内地、台湾的旅客增加了游港时的趣味，也为香港这个前身为英国殖民地的小城市添上几分异国风情。

文化交流，语言是平台，亦是障碍。在香港，历史因素使然，两种在概念上截然不同的语言被迫融合运用。想象上几代在香港的中国人，面对大堆“鸡肠”般龙飞凤舞向他们张牙舞爪的异国文字，那种委屈和无奈是不足为外人道的。

相比之下，今天好逸恶劳的港人，也埋怨无端要学习普通话来自我增值，加强竞争力。公道点来说，中文毕竟是我们的母语，从小会读会写，学普通话都只不过是要学读音和常用词语罢了，比较起我们的太公太婆辈，硬生生地面对着那些画满鸡肠、符咒一般的政府公函，那种可怕之程度是不可同日而语的。

近日于网络上，有朋友在微博掀起了有关广府话的讨论。有人提出为何广府话（俗称广东话）的英文说法是Cantonese而非Guangzhouese。我想提出这疑问的朋友应该很年轻吧，从小就活在全面实行标准汉语拼音的新中国，不知道“广东”（Canton）是其中一个最早对外开放经商的中国地区，是许多欧洲商旅和传道人进入中国的第一道大门。相信当时的英国人，首次要正式为广东这片土地起一个英文译名之时，普通话和汉语拼音系统肯定尚未出现，如果要译出Guangzhouese这个词，恐怕要有哆啦A梦的时光机帮忙才成。其实除了Canton之外，北京从前的标准英文写法其实是Peking，都是根据华南地方方言而来的音译。今天，北京首都国际机场的代码还是PEK；北京烤鸭也叫做Peking Duck而非Beijing Duck；你跟年长的外国人谈起北京，他们还是会跟你说Peking，而对Beijing这新说法表示尚未习惯。

回过来再看看那些搞笑的街道名称，其实搞笑与否，跟街道的名字本身的关系小，跟游客本身的语言文化背景的关系大。香港人从小到大天天见着听着，已经成为了生活的一部分；旅客见到这样趣致而没有纹路的选字，自然觉得分外奇怪。少见多怪，这就是个活生生的例子。

可能我自小爱吃，家人也同样爱吃，所以对有关食物方面的词语听得比较多。香港的饮食业好像越来越欣欣向荣，可是香港人的饮食文化却好像越来越走向衰落。我常常跟不是常规饭脚的友人吃饭时，会发现他们对菜单的理解能力有些问题，许多菜光看菜名，他们完全不知道是什么来的，例如“老少平安”、“蚂蚁上树”这些最经典的家常小菜，都完全未曾听说过。遇到稍为特色一点的地方菜，就更加茫无头绪，望着菜单如若文盲一样可怜无助。试过去吃潮州菜的地方，同桌的港人当然不知道什么是“椒酱肉”、“炒面线”、“石榴鸡”、“鱼饭”，有些连“生肠墨鱼”都从来未曾听过吃过，的确令人有点难以置信。

当然也有被菜单里的菜名考个正着的时候，尤其是译名就最叫人伤脑筋。最普通的例子是salad，香港人叫“沙律”，台湾叫“沙拉”，尚算接近；sundae香港人叫“新地”，台湾就十分不一样了，叫“圣代”，光看文字很难猜对。有一次跟朋友到澳门游玩，去了妈阁庙旁边一家我很喜欢的澳门式葡萄牙餐厅，叫“船屋”。打开菜单，里面写的中文我们读起来怪怪的，如有一道菜叫做“逼牛肉伴薯蓉”，字面上颇有逼良为娼的意味，我们看着就笑了很久，不停地谈论谁是牛肉谁是薯蓉。其实那是一味十分家常的焖煮牛肉配薯泥，葡文是 carne de vaca estufada，那个“逼”字想是形容这种长时间焖煮的方法。我们只是少见多怪吧。

图 4-1

另一有趣的菜式，就是“碌结”。这个如果从来没有吃过，又没有原文菜名在旁边，是很难猜得到的。其实“碌结”就是很有名的油炸小吃 croquettes 的澳葡式音译。说 croquettes 你可能不知道是什么，但若果说“炸薯饼”的话，许多港人相信立刻恍然大悟。Croquettes 有很多不同做法，有许多的确有马铃薯泥，但也有用其他材料做的，所以光叫它做“薯饼”反不及叫“碌结”一般清晰。Croquettes 的起源有说是来自法国，也有认为是源自荷兰的。葡萄牙菜里面的 croquettes，最常见的就是 croquetes de carne（碎牛肉碌结）。这种碌结没有薯泥在里面做馅料，而是用鸡蛋和面粉，混合加入调味料的免治牛肉做成馅，再把馅料揉成短小的条状，上蛋浆加面包糠放入热油中炸成的，是葡萄牙菜的一道风味小吃，也可做前菜。

“碌结”令我联想到另一种我十分喜欢的油炸食品类型：“吉列”。相对“碌结”，香港人对“吉列”就一定不会陌生，皆因绝大部分人相信都曾经有在任何一间港式茶餐厅点过“吉列猪扒饭”,或者近年比较流行的“吉列鱼柳早餐”。跟“碌结”一样,“吉列”同样来自远方:英文 cutlet 源自法文 cotelette,即是常常说的 pork、chop lamb chop 的 chop,是一块横切的肉,通常是猪排、羊排或者是小牛排肉,用锤子打平打薄后,蘸上面糊及面包糠下热油中炸熟,也有不用油炸方式做的。传到东方之后,这道全肉的主菜就变成一种油炸类型的西餐。

把“吉列”发扬光大,甚至更上一层楼的,又是处事认真用心的日本人。日本是在明治维新后,希望在不同文化领域中引进西洋新事物的气氛下,把欧洲人吃“吉列”的文化引入。最初的吉列其实较多根据奥地利菜中有名的 wiener schnitzel 而做,所以用的是小牛排肉,可是并未得到当时日本民众的支持。于是有餐厅开始改革,先把小牛肉改为日本人较常吃的猪肉,加入包心菜丝伴碟以减低吃一大块油炸肉的腻,把炸好的猪排切件,再配上日本人最习惯吃的主食白米饭,弃用西洋餐具而改用筷子夹着吃。结果这种改良版的“吉列猪排”大受欢迎,并且成为了自成一格的日本式风味菜,是东西方文化糅合在一起的结晶品。

今天,在日本全国数之不尽的 tonkatsu 餐厅(“tonkatsu 豚カツ”是日语“吉列猪排”的意思,其中“ton 豚”

是猪肉，“katsu カツ”是“katsuretsu カツレツ”的简写，cutlet 的音译)。从前香港人大都不知道有这种日式西餐，所以在香港可以吃得到正规 tonkatsu 的地方不多。近年似乎多了许多人对 tonkatsu 产生兴趣，也渐渐多了 tonkatsu 的专门店。其中就有 2009 年登陆的东京 tonkatsu 名店“银座梅林”。有 82 年历史的 tonkatsu 老店银座梅林，店内名字最响亮的除了吉列猪排之外，就肯定是始创人涩谷信胜君发明的吉列酱汁。日式 tonkatsu 的爱好者一定知道这种色泽黝黑质地浓稠甜中带酸的酱汁的重要性。银座梅林的元祖吉列酱汁的确比同业们的出品优胜，不但味道真挚，层次丰富，最重要的是质地浓滑，不会像其他有些品种的太黏稠，影响了猪排上脆浆的松化度，也容易抢过猪排的原肉鲜味。为了这个汁我特地拜访过银座梅林在尖沙嘴的分店，一问之下发现原来酱汁中加有香料之余，还加入了几种菜蔬和水果，难怪银座梅林没有像其他 tonkatsu 专门店一样，在吃吉列猪排时配上即磨芝麻，这是因为他们对自家独创酱汁的一份骄傲，毋须用即磨芝麻的香气来分散客人对吉列酱汁的注意力，好令客人完全领略到他们精细钻研的酱汁的味感层次。如此着重细节，是日本食品能完美地保持水准的最大要诀。同志们，我们实在应该好好反省和学习。

图 4-2

船屋葡国餐厅 (A Lorcha)	澳门妈阁河边新街 289 号 电话：853 28313195
银座梅林 (Tonkatsu Ginza Bairin)	尖沙嘴河内道 18 号 K11 商场 Shop B124 号铺 电话：852 31224128

受难谷

小时候念天主教学校，有所谓圣经课。记得第一个对圣经课的印象，是老师带来了一本十分精美的 pop-up 画册，一边讲圣经故事，一边徐徐地翻着画册。那些 pop-up 的耶稣圣母魔鬼天使全都画得很美，加上是层层重叠着的纸人形，又立体又生动，对于从未接触过 pop-up 书本的我来说，当然是一场叹为观止的惊艳演出，更顿时令圣经课成为了我所喜爱的科目。

后来，圣经课当然变得文字为重，图画为副，但我还是一样喜爱圣经这科目。可能我原本就对一切怪力乱神虚无缥缈的东西感兴趣，又喜欢听故事，而圣经故事又有许多有趣的地名人名，充满着异国风情，有些时候简直就像上了一课虚拟古代游记一样。会考就更棒，我赴考的年代，圣经是开卷科目，我只要考试前一晚在经书上加些书签记号，第二天就带着它轻轻松松到试场，真正会考无难度，只需要平时爱听故事，考试时经书比别人翻得快而准。

圣经课还有一样提起我兴趣的地方，就是食物。香港的教育如何闷蛋废弛不用多说，就拿家政科来说吧，为什么我读书的年代就只有女学生可以上家政课？难道男人就不用知道食物的种类和营养价值，不用学习基本的烹煮原理，连烧一壶开水也要假手于女人吗？又或者女人就一定要连一口钉也不懂得锥才算合乎礼教情理吗？没有家政科，当年我们男校生能在课堂轻轻触及有关食物的，就只有健康教育和不是每个人都有留意到的圣经课。健教课谈食物理所当然，但都是一些死板的平面介绍，无色无味，就如生物课谈生殖系统一样，毫无性感可言。圣经课谈的就不同了，大部分都是一些当时的我从来未曾见过甚至未曾听过的食物，例如橄榄、苦菜、无酵饼、羔羊、茴香、扁豆、野蜜、酪乳、玛纳、麦子、葡萄酒等等，对于好奇的小孩如我，光是看着食物的名字，就已经很有吸引力。后来念大学的时候，跟同学尝试组织过一次仿古逾越节晚餐（Passover Seder），还真的找来了无酵饼，不过我们不是犹太人，晚餐的繁文缛节当然全免，只探求食物原味；也只是借用了课室来搞，自然没有讲究什么餐具的陈设和气派等等。

然而，这些食品着实也并非什么有气派的高档美食，尤其是对于现代的都市人来说，如果要他们吃一块无酵饼，我想有大半娇生惯养的千金及少爷们必定一放进口就要吐。不过，千金与少爷也未必懂得真正的美食是什么，可能必胜客的加料芝心薄饼，又或者莎莉雪藏蛋糕就是他们的人间美味。不是说芝心薄饼雪藏蛋糕就一定不好吃，但这些极端商品化的食物，有的尽是经过精心调较的人工味，保证你在任何时候任何地方情况下得到的，都是同一味道、同一感觉，千篇一律稳妥又简单，永无惊喜也永无失望，浑浑噩噩，了此残生。

可能是我们的心态变了，不再能够承受变数，不再愿意听天由命，太过相信我们已经解决了所有人类生存的问题，无忧无虑地接受了稳定，拥抱着无惊险也无惊喜、无须付出也无须负责的生活。所以，那一年的冬天太暖，那一年的冬天又太冷，大家都只顾抱怨没有机会穿皮裘，又或者抱怨家里没有暖气，哪有人关心这些现象带来的长远影响？

而你又有没有想过，你现在一切所吃所喝并不是必然的？

公平栈

自问对社会公义从来都只有一种留有余地的热诚，就好像明知道什么是对的什么是不对的，但有时候为求便捷，不对的也会去做，做了却又会有罪咎感。比如有时候去买东西忘了带购物袋，去问别人要一个塑胶袋，回到家里跟这塑胶袋相对无言，这时候就会怪责自己的记性太坏，人也太软弱。

所以我很尊敬全心全力为公义而付出的人。有一位从前在工作中认识的朋友，创办了一间专门推广及售卖公平贸易产品的公司“公平栈”(Fairtaste)。公平贸易产品是指印有由“国际公平贸易标签组织”(简称FLO)签发的“公平贸易标签”的农产制品。现代农业大多数被市场为本的企业化模式所钳制，当中有很多复杂因素，如农民与农产品买家之间的中间人吞食巨额差价、又或者是农产品价格市场上的投机活动等等，都令农民得不到应有的公平对待，令他们无法获得务农所应有的回报，以致长期活于赤贫中。公平贸易运动就是要扭转这种局面，用合理的价钱向农民购入农产品，并协助农民直接参与制成品市场的运作，确保农民在避免中介人谋取暴利的同时，又可以生产出具市场竞争力的产品，使农舍有健康的财政状况来支撑未来长远发展。

约好朋友造访“公平栈”当日，香港已经天寒地冻了一段时间。这的确影响了我，因为我这次最想要拍的，就是会被寒冷天气影响其味道与口感的巧克力。这种巧克力的品牌叫做“Divine”，是英国的人气商品，皆因它获得2007年度英国Best Social Enterprise(最佳社会企业奖)。所谓社会企业，是一种根据公平贸易原则来运作的新概念商业机构，就如Divine所生产的巧克力，全部来自The

图5-1

Day Chocolate Company这生产公司。而这公司的部分股权，是直接由非洲西部加纳国(Ghana)种植可可的农民合作社所持有的。所以，Divine巧克力的盈利可以令农民直接受惠，令他们的产品避免因中间人谋取暴利而要被迫降低成本价，令农民的作物重获其合理的市场竞争力。

Divine巧克力的另一突出之处，就是它的包装、品牌与产品质素。许多人都对这类"好心肠"产品有一种观感，就是质素欠佳、品牌暧昧及包装尴尬。Divine成功地创造出符合当今消费市场标准的品牌形象，售价亦具竞争力，例如一排六格的mini bar只售12元，质素绝对能与同等价钱的对手争一日之长短。这样的品牌策略才能有望令公平贸易标签产品打入主流市场，成为大众的日常选择之一。

跟朋友在她的"公平栈"内边喝着自家品牌的绿茶，边吃着被天气影响了质感，但依然教人惬心的Divine巧克力，才发现原来这些公平贸易标签食品不但公平，而且也绿色得很。

有 机 园

"公平栈"其实有点像公平贸易标签食品的批发商店，它入口产品，并推广至各处零售卖点。朋友给我看一个清单，上面列出港九新界所有售卖公平贸易标签食品的商铺。我读着读着，赫然发现其中一间是我另一位友人在铜锣湾开设的有机食品店。我当然“打蛇随棍上”，相约这位铜锣湾有机食品店的主人，到她的楼上铺去参观一下。

她的店叫“有机园”，听起来好像什么素菜馆似的，而实际上也和瓜果蔬菜有着深厚渊源。清恬温雅的小店除了售卖各种有机包装食品，包括公平贸易标签食品之外，最主要是直销其合作伙伴，位于新界八乡的有机农场所种植的本地有机蔬菜。我问友人，为什么我们要吃本地的蔬菜，她就向我娓娓道来一个关于蔬菜的故事：从前，蔬菜全部都身怀多种营养成分、矿物质及酵素，这些东西对人的身体机能运作至为重要。蔬菜在农田快乐地生长，一天成熟了，农夫马上收割。刚收割的瓜菜还有生命力，而且很快就到了当地厨子手上，被炮制成饭桌上的新鲜菜肴。在那里土生土长的人，喝那里的水吃那里的泥土种出来的作物，身体最能适应，不会轻易过敏，营养成分也最能受惠。

后来，蔬菜开始会坐车子、火车，穿州过省；到了现代，还会坐越洋的长途飞机，由它生长的农田去到几千里外的餐厅和厨房去。试想想，要你坐一程十多小时的飞机到纽约，下飞机的时候你也少不免风尘仆仆、疲惫不堪，更何况蔬菜已经离开了它的根，运送途中它的生命力正在不断转弱。没有生命力的蔬菜不但味道会变淡，它的宝贵养分，尤其是酵素，也会大量地流失。所以，有时你在高级餐厅点了由荷兰和澳洲运来鲜艳翠嫩的沙律菜，还标榜是有机种植的，你用银叉子仔细地吃着吃着，心里大概在想："看我今天的午餐多健康！"其实，你吃的可能只是剩下来的微量营养和一堆纤维及水分罢了，根本就没得着吃蔬菜应有的好处。

来到朋友的店，当然有好处，不但有港产有机蔬菜午餐，还有味道真的很棒的自制muffins和面包。这些muffins和面包都是用入口的有机面粉做的，于是再问问朋友，面粉是不是近来不停涨价？米又是不是也在不停涨价？她说都是，最近价涨得特别凶。现在，各地农田有许多都一窝蜂地赶着改种能提炼成柴油的粟米，小麦大米等等都要让出农地，收成势将减少，价格也因此被炒作一番。谷物是我们长久以来赖以生存的主食，是人类生命之泉、文明之源。这种涨价减产的现象令我不免忧心忡忡，忧患难之将至，忧天灾、更忧人祸……

公平栈 (Fairtaste)	www.fairtaste.org 电话：852 28052336 电邮：info@fairtaste.org
有机园 (Simply Organic)	香港铜锣湾坚拿道西21号唐2楼 电话：852 24880138

千岁炼，万岁宴

近来看什么都是灰色；灰色的天，灰色的云，灰色的烟与尘，还隐约浮现起俱灰的万念。十月天时本来是飒飒金风桂花飘香的光景，奈何人家到此时节赞誉秋风送爽，我却不知怎的只联想到秋风秋雨愁煞人，无缘无故地暗自内心惶惶戚戚，全无理智地萦缠着秋后处决的恐怖意象。我实在早应该过了做梦年纪，也彻底斩断了强说哀愁的文艺少年迷思，戒绝温情主义的羁绊，一心一意尝试切实做个识时务者。可能过了这么多个寒暑，俊杰终究还没有做得成，内心那一条自卑自怜的劣根又乘机苏醒过来，毒害意志孱弱的我，才会令我迷迷痴痴地再度经历一次青春期的无助和彷徨。第二春本应是一桩美事，但对于过来人而言，终日左摇右晃，脚不踏实地的刺激，真是一生人一次就已经非常足够了。四十而立了好一阵子，也还未曾找到一个安稳的落脚点，是一种近乎侮辱性的悲哀。

灰色迷思可能是被自己杞人忧天的个性所引发。夸张点说的话，也可以抵赖是被近来占据了红隧口偌大的林忆莲演唱会宣传板刺激，令现在心中只有灰色，心中绞痛就如长刀冲击……罢了罢了，这些都只可以是戏言，只可能是玩笑，用来调侃一下自己不宁的心绪，或者用来在别人面前自嘲一番，好分散自己和他人的注意力。吃喝玩乐灯影酣甜，避得一刻也十分情愿，你我他和她都不愿触碰彼此内心的虚位，怕得要死地一天到晚防人防事亦防情。这种当代都市人的空壳状态，是否可以归咎于我们精神上都活得太过辛苦？社会不公义，人们不快乐，安居乐业是大部分人遥不可及的神话。万多元一方尺的蜗居，买的假光彩住的不舒服；富者越富贫者越贫，到头来还是要同病相怜，一起吃地沟油激素猪。辛亥革命都一百年了，我们为什么还在这样荒诞的环境下过活呢？为什么这么多人的命运还是不能够掌握在自己手中？

对既得的利益进行诚实反思，是件十分艰难的事。人的弱点往往就是既贪且怕、自私自利，“不见棺材不流泪”，非到自己作的孽已经不可收拾，开始受到自己的所作所为牵连，才会懂得去思考，去呐喊。可惜有许多时候，要去到自作自受的地步才痛定思痛，已经为时已晚，难以逆转。时代过去，人物过去，平凡的苍生更是不留痕迹地随风而逝。无数不见经传不留名声，几多功过得失爱恨交缠，到头来比暮色尘烟还要稀薄。抚心自问，百年间我们得到的又是什么，失去的又是什么？

不如看得远一点吧。几千年的人和事，总没有可能是枉然的。肉身会腐朽，恩仇会泯灭，可是只要有一代又一代的更替，中间有承传有教育，文化还是可以千秋万世的；或者说只有文化才是千秋万世的。我们活在不相信有东西比生命还要大的堕落之中，高尚的人格远大的理想皆不值一哂，只有虚荣和享乐挂帅，每个人都是世界的中心。不是说虚荣享乐绝对有罪，老实说我自己也乐此不疲。但若这个成为了人生的最大意义，我们就再无法去做好一件事。我们到博物馆去看一件极致的工艺品，赞叹其鬼斧神工之余，内心也着实被一种抽象的魔力所慑服而毫不自觉。这种魔力，就是人类的所能征服自己，征服环境的创造力、想象力和意志力，没有了这些我们就一无所有。我们今天所有理所当然的享乐和方便，都是千百年来无数人无数双手，一点一滴心悬一念所成就出来的。这一点单纯的信念创造了文明，它比生命还要大。

虽然我以灰色来开始这段文字，但我不认为我是悲观的，因为我依然相信人，和人所能够做出来种种奇妙的事情。我们无须成为伟人；然而，伟人是不能“成为”的。中国人有一句话叫“安分守己”，说得直截了当。如果每一个人都能够做到真切地安分守己，我们的世界可能会少一点浮华多一点平安。我们的先人老早就洞悉天机，他们的思想影响深且远。今天在华人的土地上，这些先人的智慧没有得到足够的尊重，反而从邻国之中可以看到其宏大功效。这是有点讽刺性的，但有人用得着总比被人遗忘的好吧。

国家宫馔

日本人受惠于中国古文化这件事绝不是新发现，他们甚至已经把披挂上华美和装的中国文化“回馈”给我们，令我们受益（或有人认为是荼毒）。近来在日本的消沉中挺拔冒起的韩国，其实受中华文化影响得更直接。早前第一次去汉城［近年终于正式易名“首尔”（Seoul）］，来淡化中国文化在韩国的位置。首尔只有读音而无汉字，韩国所有地名其实都是中文，如全州、仁川、釜山等等。汉城易名首尔后，成为韩国唯一名字不能用汉字书写出来的城市），看到市中心的世宗大王坐像，那一身确实就是大明的朝服；再去昌德宫，那些宫殿回廊宝座，都有显然的明清风格。世宗大王生于1397年，1418年即位至1450年去世，在位32年建树良多，包括发明朝鲜谚文书写系统，即今天我们看到的韩语音标符号文字。他是朝鲜王朝第四任君主，朝鲜国是明朝的不征国之一，与清政府亦有宗藩关系，直到甲午战争，中国败给日本，朝鲜才被迫与日本合并。在历时五百年与中国的紧密关系中，无论政治艺术科技哲学，都深受当时已经千锤百炼的中国文化影响，他们亦从中变革出一套合适朝鲜人民的独立文化。

我很喜爱韩国食品。所以甚少追看电视长剧的我，当年也成为了《大长今》电视剧的忠实影迷，全因为那些色彩斑斓、造型讲究而制作刁钻的宫廷食品。听说《大长今》内的菜式都有根有据，是当年宫中负责打点膳食的宫女的传人当顾问的。我对此当然一窍不通，但人家视为国粹的宫廷菜，有机会当然要去一试。于是临行前预订了两家最有名的，结果一家结束了分店又没有讲清楚，去到只见人去楼空，赶往本店已经来不及，结果失望了一次。幸好订了两家，另一家成功入座。大龙（Hanmiri）的服务员阿姨很热情，又懂得少许中文，为我们解释每一道菜。菜是上得有点儿乱的，所以当中有一些无奈地被搁凉了，可能些微影响了食味，我想若果在宫中，这样上菜恐怕要受罚吧。不过我又不是大王，不应该如此挑剔。菜的味道都很好，种类繁多，而且能充分地表现出韩国饮食文化的精神。同样是用一双筷子，却跟中国菜有明显的分别，好像是远房亲戚一样，外表性格风采都不尽相同，但依然不难看到两者其实是一家人。那边厢人家

图 6-1

的传统筵席得到政府认可，正式纳入了国家文化的项目之中，设立 Institute of Korean Royal Cuisine，珍而重之、引以为傲。他们捉住了一样比生命还大的东西，这东西跟其他的文化遗产加起来，就好像一个民族的地基一样，撑得起巍峨巨塔。我们近来也建了巨塔，且建得更高更大更华丽，但我们又有没有一个安稳的地基呢？我们的比生命还大的东西，是否大部分都只是物欲权势，和一切跟颜面有关的东西而已……？

民族精神

中国人最看重颜面。真的，我虽然不是一个文化研究的学员，但如此明显的“民族性现象”，相信任何领教过中国人习性的，都必定能够体会得到。所以，在中国社会，没颜面见人的，多数情愿把自己收藏起来。最极端的例子，可以是用自我了结生命的手段，来解决颜面无存的问题。一般常人就当然没那么轰烈；没有风光的事情可向亲友炫耀，没有自己觉得能令旁人嫉妒的行头服饰，做不成彩雀就只可以去做缩头龟，永远不能素颜便装心无挂碍地去“见人”。这里说的见人，当然是去见自己的战友和假想敌，这可以是一些社交圈子中的新知旧雨，也可以是亲戚、校友、同袍之类。去“见人”时的战斗范围和战场也是包罗万有的。相约购物可以炫耀购买力和所谓高贵品位，平常假日的茶叙可以变成带自己的伴侣出来“晒幸福”、“晒温馨”，带孩子上学当然不忘斗儿女的成绩和课外活动的频繁昂贵，去饮宴还可以斗皮肤好皱纹浅钻戒大和乳沟深。别以为男的不斗——斗女伴数目斗座驾级数斗快打爆机不在话下，试试去挑战他的任何个人错误决定，或取笑他的本性弱点，保证你立即获得老羞成怒的自尊心受损者，用各种方式对你实行穷追猛打大反攻。

我不知道这种颜面比生命还要大的民族特性，如何实质地塑造我们千百年来的命运，因为这将会是一个严肃而繁复的课题。我只是不能自已地常常在怀疑，我们的许多不可理解的怪异行径，是否都和这个民族弱点有关。就例如喜欢窥探别人私隐，爱根据这些“不光彩不规矩”的零星闲事来批判人，甚至用来作为攻击打压，置别人于死地的借口和凶器。我绝不敢说，这个陋习在地球上是我们炎黄子孙独有的。但我真的不了解其他民族，所以一切臆测都只能靠接触得最多和最深入的同胞们，从大家的集体行为中去估量。当然也不能“一竹篙打一船人”，不是说没有例外的。只是，做了四十多年中国人，心底里就总是有一种不踏实，很想找出究竟是什么阻碍我们进步，引诱我们远离真善美。我的想法绝对有可能是偏颇的、错谬的，但我相信每个人内心都总会有一点点的赤诚，若凭这一点点赤诚来观看世事，就能明辨真假是非，谁也不能把你骗到，包括你自己。

还有另一个我观察到的特性，就是“憎人富贵厌人贫”。别人有的就要摆出一种看不起的姿态，到别人没有的时候又换个角度来鄙视。总而言之就是心眼小又自卑，总爱找个说法来表示自己超然于事，利用这些扭曲事实的歪理来发自大狂，只顾自我感觉良好，而不去务实地做人，凡事都表现出阿Q精神——天啊，“阿Q精神”不就是这一切一切综合病征的一个统称吗？原来我们这一个世纪以来，都在原地踏步；富有时如此，贫穷时亦如此，兴衰起落尽皆如此，呜呼哀哉。

我们的民族其实真真正正源远流长。不仅有为数相当可观的史籍遗留下来，更有好像《资治通鉴》之类的，一些明正言顺地为了从过去的历史之中，严肃地学习和借镜而编写的史学著作。所以纵然书中的描写可能带有预设的角度，因而所载之事未必百分之百尽实及写实，但就其成书的目标而言，实在是有一种严正地面对功过，温故知新进而日新又新的高尚理念在背后。只是不知道从什么时候开始，历史是用来服务一代人的私利，是用来歪曲的，用来被主动地唾弃和遗忘的。更不堪的，是把其肆意地局部提取，变成似幻疑真的夸饰情节，用尽一切揭秘闻扬丑态的肮脏手法，把历史事件及人物调味成低级滥情的消遣性野史佚事，用来满足上面提过的，国人喜欢窥探别人私事的怪癖，对不知是否真确的妖娆流言咬牙切齿说三道四，人人都是包拯托世的模样，狠批毒斗，这样过足了口瘾之后，顺手拈来最典型的阿Q精神，自我感觉良好一番。我可能是写得歹毒了一点，但相信并没有夸张了几多。只须看看人们每天读新闻时，如何选择去激烈地讨论和关注一切有关风化丑闻、伦常悲剧等条目，乃至于所有“名人”的蜚短流长亦读得津津有味；反而对真正长远地影响世界的要闻却丝毫没有兴趣。从这现象就可以推算得出，起码在香港这个地方，我之所言非虚。

民间宫馔

这几年电视台推出了一些古装宫廷剧，诸如《金枝欲孽》、《宫心计》和《紫禁惊雷》等，都颇受广大观众欢迎。以恩怨情仇为题的宫闱剧，从来都有相当数量的捧场客。如果我又再妄下定论，说这些也是跟上述种种国人的劣根性有关，相信不用多作阐述，大家也可猜想得到个中缘由吧。能窥秘到我们民族自古以来最禁密的权力核心，管它孰真孰假，也能令看官们过足那诸事八卦的瘾头吧。换个角度，你可以说这不过是好奇罢了，这样说亦完全成立。好奇心是推动人类进步的一大原动力，如果大家真的好奇，而且能好奇多一点点，我们也许可以发掘更多除了满足原始官能刺激以外，对大家更有裨益的事。我可以肯定说，看《宫心计》的，大多不会知道盛唐究竟距今多少个世纪，唐代建都于哪个城市，最推崇什么哲学思想，甚至皇帝的姓氏是什么也不甚了了吧；追看《金枝欲孽》的，亦似乎对康雍乾盛世为文学科学带来些什么影响，和晚清的变革为何未能成功无甚兴趣。然而，做人处世就算如我这般，没有学问的基础去进一步理解这些课题，或者好像大多数人一样，平日没有空闲时间去钻研，也可以从比较软性的角度，去知道多一些有趣味性和跟生活有关的事情。简单如翻翻图画册，欣赏一下各种宫廷的文物收藏，眼睛浏览精工细艺之时，也在不知不觉间感受到中华民族累积了千秋百世的美学观。别以为这不重要，接触美学就是接近文化，理解美学也是承传文化的第一步。

如果觉得那些皇家收藏品太过高高在上，遥不可及的话，是还有其他较生活化的遗产，可以给我们去多了解传统中国美学的，例如饮食。关于宫廷饮食的传闻佳话，尤其是对较为近代的清廷中的饮宴之事，坊间就有许多引人入胜的描述。不过要找来吃的话，就似乎非要亲身赴京不可。在北京城内什刹海旁边的羊房胡同 11 号，有一家没有招牌的私房菜馆，专门制作宫廷风味府邸菜。这家不好找的隐蔽小店来头可不小，问祖追宗，那儿的元老主人翁原来姓厉，名子嘉，于晚清时期同治光绪年间，任内务府总理大臣，同时担任紫禁城护卫军都统，其中一项工作是管理御膳房，包括审定皇帝的餐单等职务。武昌起义成功后，厉公亦退休出宫。他从宫中带出了宫廷菜谱和御厨多名，继续在自己家中宴请皇家遗族。渐渐，厉公的宫廷风味宴声名日响，其子孙亦乐于承传，至今已传至第四代，“厉家菜”也成为许多热爱饮食文化的朋友们到京游览时的必访之处。厉家菜正式在改革开放后经营起来，至今约三十年。在工整地挂着溥杰亲笔提字扁额“厉家菜”的饭厅中，每天供应据说是严格遵照传统宫廷手艺，制作工序繁复，用料亦相当讲究的清宫名馔。

图 6-2

未曾光顾厉家菜之前，早已经听过不少有关她的传闻，有好的也有不好的。去过了以后，经过自己的亲身体验，发觉以前一切的道听途说原来都真的只是道听途说，欠缺客观性。我明白食味是一样非常主观的个人感受，但若要认真经营一个评论，好像应该先有一定的资料搜集来作基础，例如人家所做的究竟是什么菜，那些菜的原貌是怎样，中间又有否经过了什么改革和变异等等。自从有了互联网，个人的发表平台突然无边际扩张，人人都可以写写东西，弹弹赞赞的喜欢怎样写就怎样写，是一种“自我万岁”式的个人核心无限虚拟膨胀，完全不用理会他人，也无须向任何人负责，总之最重要的是自己要觉得“爽”。如此，真正有条理地以学问和智慧支撑的严谨论证文字，变得越来越少人去关注。从此，我们在不知不觉间，全都活在一个真相渐渐被埋没的偌大旋涡之中，人人都倚仗虚妄无凭的二三四五手资讯，随着自己制造的假象一直回转、一直沉沦。2012 世界末日，是否就是指这种集体的堕落？还是这个什么末日预言，其实也只不过是我们自制的无数虚妄资讯中的其中一则而已？

大龙（总店）

韩国首尔江南区大峙洞 968-5

电话：82 02 5568480

厉家菜

北京市西城区德胜门内大街羊房胡同 11 号

电话：86 010 66180107

吃东吃西吃东西

先谈HKBC。没错，是HKBC不是HSBC。不懂什么是HKBC？不要紧，因为我其实也是最近才知道什么是HKBC的。这一个非正式的香港俚语，相信是承接早年常常在坊间出现的一连串英文字母暗语（即是 ABC、BBC 和CBC）而发明的。这些暗语三字经，说穿了其实就是American born Chinese、British born Chinese和Canadian born Chinese的缩写（ABC亦同时可以代表Australian born Chinese）。如果你到维基百科去搜寻“ABC”的定义，你会看到那里有人把它定义为“stereotype”（先入为主刻板印象）的词语，即是词语背后带有歧视色彩，把人根据其种族肤色、文化宗教背景、身心状况、思想取向等等划分出来，而将一套大众对“这一路人”的主观印象，甚至是主观幻想，硬加于他们身上。理论上，这跟叫人家“黑奴”、“阿差”或者“萝卜头”是一样地政治不正确的。

在外国土生土长的华人，许多已经是第三代甚至第四五代的移民，除了身上毫无选择地留有中国人的外貌特征外，因着各人的因缘际遇，当中有些完全对中国文化一无所知的，其实是现实环境因素使然，多于出自本人的主观愿望吧。他们当然不会说中文，也不会读不会写中文，更不会对中国文化有几多的热忱。那天看新闻，报道有关骆家辉先生往北京履新，做其美国驻中国大使的点滴。我不懂更不敢妄下判语，去推测美国这个任命人选上的决定，有何动机以至谋略。但在我们国内，媒体此起彼落的各式评语，包括挖苦他如“香蕉”或是“椰子”般黄皮白心，不但丝毫伤不及他本人与他所效忠的美国，反而立即凸显出我们国人可怜的自卑感和不安全感。骆先生是百分百的美国人，这个你不用认识他本人也可以肯定。而一个美国派驻中国的大使，不管他是黄皮黑皮白皮，甚至是画皮也好，他的心当然是白的。不切实际地期望他的心是黄的，那他岂不是要为中国做间谍不成？这种以挖苦别人来表现自己“洞悉世情”，因而似是而非地立不败之地的犬儒式言论，是我们中国人代代相传的一种无胆匪类的坏心肠，也是令我们连自己也看不起自己的其中一条最霉最臭的老祸根。

可恨这祸根也不是单单向外而生。事情的另一面是，有些时候国人藐视外籍华裔，是出于“吃不到的葡萄是酸的”道理。自己内心其实不知有多渴望拿着外国护照，手拖着个老外情人，满口外文地招摇过市，向同胞们炫耀自己的外国背景和全盘洋化的高尚身份，好跟那些还只能待在第三世界的中国民众划清界线。但当现实状况事与愿违，自己还只能在原地踏步，眼见那些天生就拥有外国身份的“香蕉人“，妒火便使得人性的阴暗面浮现出来，忽然由暗中埋怨自己的中国人身份，“变节”成立场坚定地靠祖国那边站，连声讨伐这些背弃祖宗的“假白人”，痛斥他们的媚外忘本，把他们的“罪行”跟汉奸走狗看齐。这样，自己得不到的，在别人身上也只会是个被臭骂的坏品质。明知道骂了也没能够改变现况，也伤不及这些“香蕉人”的一毛一发，但骂了总比不骂舒服，也可以令自己由实际上处于劣势，变成口舌上自命清高，保住那虚幻的，只有自己才在意的无聊颜面。

以上是我的粗疏观察，也包含了不少自省的成分。令我觉得最黯然的，就是只要大家能妥善处理自卑但又死要面子的心态，把精力都放在如何从现实中，去找回自己作为这民族其中一员的尊严，那么别人自然就会对你和你的国家有一种发自内心的敬意。这种敬意是不能靠身怀巨款，昂首阔步走到别人国家的奢侈皮具店，连人家店名也不懂如何念，就把最贵重最罕见的包包统统买下来；又或者靠搞大型国际盛事，搞得比任何国家都要大型，银纸和烟火都烧得最多最耀眼，就可以把国家和国民的尊严一并赚回来的。

港　人

老生常谈的一句：爱与尊重。这是说对自己个人，也是对自己的国家民族文化，要真诚地去爱和尊重。目不识丁还自鸣得意，就是对自己不尊重；短视地为个人利益而弃祖灭宗伤天害理，那是没有爱的恶果。不是要去长他人志气，且看我们的邻居日本和韩国，他们有我们的天赋条件的百分之一吗？但他们爱自己的文化，尊重自己的文化，把它好好地保护着，然后借着它来重新创造自己完成自己，向全世界展示有根基有内涵的民族骄傲。这种爱与诚的力量，足令十万万人自渐形秽。

回到什么是HKBC，Hong Kong born Chinese。顾名思义是指一群在香港土生土长的中国人，自小读国际学校，与家人朋辈皆完全用外语沟通，大致上不懂中文，跟在外国出生的华人无异。为何会有这种社会现象出现，不是我的能力可以三言两语解释得当。只不过这是一个真正在香港发生的事情，是正当全世界都聚焦中国的时候，在中国本土制造的一群“香蕉人”。这不禁令我联想到，我们的文化是否真的已达耄耋之年，若不靠较为“年少气盛”的外来文化来扶持或冲击，就老得寸步难行坐以待毙？今天日本的文化成就，是否就归功“明治维新”和战败的耻辱，引起国人破釜沉舟、奋发图强？

这一切都无法好像科学一样，可以在实验室内证明其虚实。行动着实比言论实际，所以要去爱自己的文化，应该从身边最微小的事情开始去关注。我的眼睛，往往首先看到有关吃的东西。而吃这个题目，不就是日常生活不可缺少的一个最卑微又最伟大的文化产业？日本人成功出口寿司、豆腐、绿茶和近期大热的拉面，都是看准如何把和食的精神和美貌，不知不觉地植入西方饮食文化之中，找出西餐的弱点然后“乘虚而入”，令西人以尊敬的态度去观摩和食，而不只是当做一种时尚玩意而已。这是日本人的战略成功。

港菜

别说中国菜那样庞大的体系，就拿香港的饮食文化，就已经有不少可以大做文章的好题目。可能是我们平常太过盲目地过活，没有注意到自己每天吃得有多么繁丽、多么文明，也可能是因为我们的劣根性，使我们不懂得去爱去尊重去欣赏自己的文化，使我们身在福中不知福。反而，老外来到，惊觉这儿一碗一碟一汤一菜都有无穷尽的智慧，反而能够运用自由的思维，来随意地被这些“港菜”启发，创造出令人感动的美馔。

近期我就连续遇上两个上佳的例子，在这里跟大家分享。第一个是来自2011年年初才重新开业的Ritz Carlton（香港丽思卡尔顿酒店）内的The Chocolate Library（现已改名为Café 103）。这个地方并不是一个图书馆，也不是巧克力的资料库，而是一个有如酒廊和咖啡厅一般的，给人品味用巧克力创造的各种美食饮料的安乐窝。众所周知，香港Ritz Carlton是当今世上最高的酒店，The Chocolate Library当然也有这个无敌美景的绝对优势。但大厨并不止于环境上的亮点，进而细心研发出几款独一无二、只此一家的巧克力馅料。当中的灵感，就是来自酒店脚下这个充满拼劲和活力的城市中，人们经常光顾的港式茶餐厅。相信读者们看到这里，已经猜想到那些馅料是什么内容吧。港式奶茶是最惟肖惟妙的一款，大厨用了真正的地道奶茶，把它浓缩并制成ganache（浓酱），包裹在巧克力外皮之中。吃的时候那股馥郁的奶茶香，会从巧克力的浓甜中钻出来，留在舌头的后方良久不散。这个意念听来容易，其实需要反复尝试很多次，才能达到满意的效果。还有一款蛋挞味的，可能没有奶茶味的容易讨人喜欢，但有

图7-1

奶茶又岂能缺少蛋挞呢？它俩简直是配成完美的香港情怀系列的双生子，缺一不可。

比这个奶茶巧克力更为疯狂的东西，给我在一家刚开业不久、野心勃勃的新派意大利餐厅遇到。这家一开张就立即成为城中热点的“Linguini Fini”，老板是老外，勇者无惧地先开了话题之作“港土茶记”，继而在楼上再下重注，创造了一夜成名的青春意大利餐厅Linguini Fini。那里由装修到定价到免小费到食物的质量，全部都做对。然而令我最佩服的，就是来自纽约的大厨，胆大心细地起用了几样非比寻常的本地材料，融入他们的特色意大利面之中，当中的挖空心思实在令人叹为观止。我个人最欣赏的两款，分别是巧妙地运用广府人煲绿豆沙时专用的臭草，直接混入面团之中所做出的臭草意大利面，再配羊奶芝士可谓意想不到地相得益彰；另一款更神乎其技的创作，是把我们的咸蛋黄烘干后，好像刨帕玛森干酪般把咸蛋黄刨成精细雪片，飞落在一盘用了传统Genovese pesto（热那亚式罗勒香蒜酱）调味的意大利面之上，不但收画龙点睛之效，且咸蛋黄的香气完全跟Genovese香草酱的个性和谐地并存，就好像一位传统的俊朗不凡的意大利新郎，配上娇小但坚毅的一位中国新娘子一样，是美丽而浪漫的天作之合。

图 7-2

经验了这两种别出心裁的中为西用，除了惊叹于当中的创新美味之外，亦实在有发人深省之处。我们是不是还没有放开心怀无畏无惧地去拥抱去爱我们的文化、我们的根和我们自己，而只是不断把心力都放在事倍功半、衣不称身的事情上呢？答案是无边遥远的，但去想多一点深入一点，和对自己诚实一点，我想就已经是个好开始吧。共勉之。

Café 103

九龙尖沙嘴柯士甸道西1号环球贸易广场103楼
香港丽思卡尔顿酒店
电话：852 22632263

Linguini Fini

中环皇后大道中139号 The L Place 1楼
电话：852 2857133

Ch2

流金岁月

朋友是位摄影师，最近的差事，是去上海给一个庞大的电影布景群拍照。那布景群之庞大，所花费之豪爽，一时为各大香港报章娱乐版所津津乐道；鉴于香港有好一大群报纸读者都只看娱乐版，这则新闻也可以说是占据了重要版面的“要闻”，正好消解一下新流感、校园毒害或施政失误等“正经港闻”所凝聚的郁闷气氛。

说回那庞大的布景群，原来是香港导演陈可辛先生，继多年前在银幕上创造出香港雪景后又一杰作。报章绘声绘影报道这价值五千万大元的假老中环，说它如何的花费，如何的逼真。从照片里看到的，是极度疑似20世纪初期，独一无二的中环风貌；那些花岗岩石板铺成的街道、一块块如乱枝丛生的商号牌匾、一幢又一幢设有坚实骑楼的特色硐楼，就连邮筒都充满风情韵味。只不过，布景搭建得越是风韵犹存，就越不禁令人慨叹今天的香港如何被地产发展所蹂躏，如何被代表着功利和贪婪的怪兽摩厦所吞噬。

所谓物换星移事过境迁，老实说，许多事物是你想要去哀悼也哀悼不来的，搞不好让人家觉得你骨子里是个媚外的港英余孽走狗，又的确是有点无无谓谓。故此只好眼不见为净，在中上环流连时别要抬起头来走路就是了。然而，教人黯然的，其实不只是硬件的消失，却更多是软件的没落。

回到未来

味道于我，是一种纵使抽象，却感觉最切实的回忆。

数年前有一出叫《料理鼠王》(*Ratatouille*)的动画，讲述一头小老鼠如何凭它天赋的厨艺和灵敏的味觉，帮助一名平庸的厨子胜任巴黎高级餐厅的工作，还凭着它烹调的一味法国菜中最家常、最普通的蔬菜杂烩 ratatouille，打动了最高傲的著名食评人，引发了在电影末段，那位食评人一段感人至深的独白。这虽然是一个画出来的虚构幻想故事，但那幕描写那不可一世的食评人，在尝了第一口其貌不扬的 ratatouille 后，被那道菜的味道带领着他回到自己的童年，一件件早已被遗忘了的往事，从前的一切苦乐辛酸，于电光火石之间激发着他每一个细胞，使得这位原来面目如干尸般僵硬的食评家，双眼茫茫然泛起了泪光，着实叫人看得动容。

我们这一代，还是常常会说，天下间的一切美味，不论怎样五彩缤纷惊为天人，都总没有家里的饭那般教人回味。老实说，专业大厨弄出来的菜，怎会比婆婆妈妈们的手艺逊色呢？只是你上馆子的时候，吃的是排场花式手工和食材的质素，而家里的饭喂养的却不是你的味蕾，而是你的心灵，给你顷刻回到最受保护、最获宠爱的安乐窝的感觉。这一点一滴，又岂能是跟你素昧生平的酒家大厨，可以于席间匆匆替你细心照料呢？这不是食物本质的问题，而是味道与心理和意识的微妙化学作用。所以，今天年轻又忙碌的爸爸妈妈们，假若有一天你们的儿女长大成人，偶尔到菲律宾或印度尼西亚的某人家里做客，主人家入厨做菜热情招待，菜肴一入孩子的口，立即五雷轰顶，一时冲动得来不及认祖归宗，做个异乡人。到时候，你可别怪罪于孩子，要怪就只好怪罪于你们当年只顾得为口奔驰，无暇细想带孩子的神圣责任。

每当变幻时

当然，古老的酒楼也绝对有权用味道来留住客人的记忆。但在香港这个效率高到没法子容得下情怀的小城市，要留住稍有历史的餐厅，其实绝不容易。小时候父母常常带我上的馆子，几乎全部在过去十年间被赶尽杀绝：旺角女人街的“大新”、佐敦道的“新兜记”、弥敦道“金菊园”、“车厘哥夫”、尖沙嘴“诺曼第”、中环“三六九”，还有“老正兴”、“一品香”，最近连上海街的“神灯”也忽然关门大吉。我儿时侥幸尝过，比较正宗的粤港风味，今天似乎再不容易找得到。有时候想回味一下类似“大新”的豪迈奔放而粗中有细的粤菜，就只好过大海，到澳门街的“李康记”之类。

有一次，大概是上世纪80年代初期，也不记得是什么特别的日子，在老爸带领下，一家人去“新同乐”吃了一顿晚饭。那时候的新同乐在尖沙嘴广东道，大概在今天海港城的Joyce Boutique附近。上世纪60年代创立的新同乐鱼翅酒家，走的是卖名贵粤菜的高档路线，七八十年代可谓她的黄金时期。我还记得当日大门推开，里面是一个天花有两三层楼高的圆形大厅，很有气派。那天吃了些什么，已经记得不太清楚了，只记得鱼翅一定有吃，虾也有吃，印象最深刻的，是爸爸点了一大盘鸡子，清炒的。那是我第一次吃鸡子，爸爸还用了些时间来向我和弟弟解释，鸡子不是平常妈妈用来煮鸡酒的未生的小鸡蛋，而是公鸡的睾丸。能在新同乐的大厅畅谈鸡睾丸这回事，我的爸爸确实是有型。

后来，新同乐搬到铜锣湾新宁道，渡过九七。随后而来的亚洲金融风暴，把一向喜爱豪花的一群港人打得落花流水，直接影响了新同乐的生存空间，并于2001年结业。其后，新同乐在跑马地毓秀街卷土重来，虽然规模未及从前，但档次依旧。鱼翅上汤都是用瓦煲在你面前收汁至你喜欢的浓度，价钱跟风味一样，与从前分别不大。在保留着各样不变的同时，也盼望她有了在金融风暴下停业的经验，能坚挺地抵御这百年一遇的金融海啸。（注：新同乐现已迁往尖沙嘴。）

图1-1

苏丝黄的世界

别误会，此“苏丝黄”不同彼“苏施黄”，谈的不是百佳超级市场杀价新偶像，而是启发万千外国人到今天依然对香港有扭曲印象的经典银幕角色。一切都来自上世纪60年代电影《苏丝黄的世界》（*The World of Suzie Wong*）的成功，无限放大了片中略为失实的湾仔风月窝，及避风塘蜑家艇等典型异国风貌，成为了外国人心目中香港的一种代表印象。直到今天，许多老外依然怀着寻找“苏丝黄风情”的期望来香港探秘，而许多做游客生意的，也乐意堕落虚假红尘，粉饰一个旅客们希望看到的幻象，这其中也包括我们的香港政府。

有时，连身为本地人的我，也想去感受一下殖民老香港的情怀，只不过因为土生土长，于我们而言，“苏丝黄”和她所代表的一套美学，当然丝毫没有卖点。本地人要寻找本地的异国风情，感受所谓“华洋杂处”的香港风貌，就只有到那些见证过这段百年殖民地血泪史的机关。

Jimmy's Kitchen 绝对有资格成为香港百年“洋相”的见证。创业于1928年，菜牌经历了80年的风雨飘摇，依然跟最初的设计没有太大的差别，今天你还可以点 Mulligatawny soup（咖喱肉汤）、chicken a la king（鸡皇饭）、Steak Wellington（惠灵顿牛排）、Irish coffee（爱尔兰咖啡，通常加爱尔兰威士忌和糖，再加搅拌奶油浮在上面）等等老掉大牙的旧世界菜式。菜式虽然老旧，但食物水准却是追得上潮流的，分量恰可，制作认真仔细，味道虽然可能是现代化了一丁点，未完全保留经典英式西菜的重量感，但也绝对没有加入其他古怪的新招，只是诚实地做其20世纪正统扒房菜，没有半点挤眉弄眼的谄媚。这在今天人人方寸大乱的香港，可以说是难能可贵。

图1-2

Jimmy's Kitchen 中环店和尖沙嘴店，都保留了石砖墙、深色木材嵌板、幽幽的黄灯和侍应生雪白的高领外套等等怀旧元素，把你带回战前的好时光。安坐在餐厅里，幻想当年远渡重洋来到这里，刚发迹小商港的欧洲浪人，穿着远行专用的经典卡其布行装，点一客炖咸牛肉配烩蔬菜，或者印度式咖喱鸡饭配胡椒饼芒果酱，喝一杯用 gin（杜松子酒)、vermouth（苦艾酒）和kirsch（樱桃白兰地）调制的鸡尾酒，这般光景，才是令到香港在香港人心目中也显得exotic之处。

新同乐鱼翅酒家	九龙尖沙嘴弥敦道美丽华商场4楼D 电话：852 21521417
Jimmy's Kitchen（九龙店）	尖沙嘴亚士厘道29-39号九龙中心地下C及CI 电话：852 23760327

像记忆一样的味道

撰文的那个月，茶余饭后的热话，除了《宫心计》的剧情发展，就是那出描述末世大灾难的《2012》。大部分看过这电影的人，都咒骂声不绝地表示失望，说电影如何差劲故事如何无稽。我也觉得除了那幕惊天地泣鬼神的罗省陆沉之外，全出戏的确创意新意诚意皆欠奉。然而，它最低限度也提醒了我，现今我们眼前所有的一切都不是必然的，不是理所当然地永久存在。用佛家的讲法，就是一切都是“无常”的，随时都会转变、会散灭。

善 变

若果有一天，人类真的要灭亡，我愿意相信这是因果循环的结局，因为我们着实是太不懂得珍惜眼前的事物了。哥本哈根举行有关应对气候变化的高峰会议，虽说是人类挽救地球危机的一次机遇，但内里的种种协商过程，中间所涉及的权力游戏，若是从消极的角度来看，还不是处处显露人类自私自大但又畏首畏尾的劣根性。这个不改，其他问题永远无法从根本去解决。

所谓“珍惜”，其实是去尊重一切其他生命与我们共存这事实。记得小时候，长辈们的节俭意识是很强烈的，烧一顿饭，洗一趟衣服，乃至写一封信，他们都会绞尽脑汁，运用最少的资源做最多的事。一张纸、一盆水、一粒米，他们都珍而重之，用得小心翼翼。那时候小孩若果不肯吃完面前的饭菜，又或者有偏食的恶习，长辈是一定会义正词严地教训一顿，说倘若在战乱饥荒之时，小孩子这样任性偏食的话，不被打死也得饿死街头。要用恐吓手段才懂得学乖，虽然是悲哀地呈现出人类无药可救的劣根性，但起码还可保障地貌生态持续健康，大家都只是各取所需，不会令天地人间失去了可贵的平衡。今天，我亲眼所见的大部分为人父母者，不知怎的要当自己所出是顾客上宾，百般迁就兼丝毫不敢逆其意而行，于是培养出一大群宠坏了的自私魔童。有这样的社会风气，教人如何不对前景感到悲观？

善忘

我们的劣根性真是太多了，有时候只是想着也教人感到沮丧。哲人智者都有一套理学来解释我们的不足，也有提供改善的方法。然而，不知是正不能胜邪，还是我们内心其实都害怕追求真善美的代价，各式小道歪理总是牵引着主流，正义之声无论呐喊得如何竭力悲壮，却从来都是人微言轻、呜呼哀哉。

当中最要命的，可能是我们的集体善忘。不是有一阵子全城上下大众齐心，要为这个地方这个国度所发生的事，轰轰烈烈、旗帜鲜明地讨个公道吗？日子久了，虽然有心人士还有几个，但普罗大众却都早已春梦无痕，把事情忘记得一干二净。

我常常提醒自己，不要做一些往后会令自己后悔的事，但无奈意志力不足，要时刻警觉谈何容易？许多时候，都是差不多要到为时已晚的地步，才懂得及时行动。赶得及是运气，来不及是咎由自取，怪不得任何人。

善后

我以为我不是一个善忘的人。虽然绝对谈不上是忠肝义胆，但也常勉励自己，尽量活得清醒和诚实一些……

那天有空查看 facebook，收到友人庄臣的一则简讯，相约我和几位老朋友一同到中环艺穗会 M at the Fringe 吃饭。搞饭局本来平常不过，但餐厅的选择却令我起了疑心，皆因大家过去十多年来都未曾光顾过 M，好像已经暗地里相约好，一同悄悄地把她打入冷宫，决心将她抛诸脑后。因此庄臣忽然念旧，令我觉得事情不妙。

图 2-1

果然，庄臣相约这趟饭局的副题，就是“告别 M at the Fringe”。开业刚好 20 年，曾经是香港独立洋餐的翘楚，招待过无数名流、政经界、文艺界、红与不红的本地乃至荷里活影星，并且一度带领本地的西餐界迈向注重创意烹调的国际新视野，亦见证着香港由上世纪 80 年代的黄金时期，风雨飘摇地走过颠簸的回归之路，再经历了几次浩劫，禽流感、八万五、非典、金融风暴后再海啸，M 都没有被洪流冲击得败退而走。当许多老牌馆子纷纷倒下，她却静静地稳坐于由旧牛奶公司冰窖改建的艺穗会二楼，安然无恙地走到今天。什么风风雨雨都熬过去了，却冷不防政府修例，艺穗会要改建来配合新的建筑物规格。这样，二十个寒暑的传奇，就如此荒诞地画上了句号。

我因要工作的缘故，未能参加大伙儿的告别晚餐，于是偷偷地在前一天订了位子，一个人到 M at the Fringe

吃午饭。那天中午，我穿上刚买的新衣，在艺穗会的后侧门拾级，走上M位于二楼的正门玄关。我一面走一面心里自忖着：这楼梯都有超过十五年没有走过了。仲冬时节茫茫然的日光，从小窗户钻进梯间。细看之下，竟然发现这楼梯一点儿也没有改变过。这不到二十级的路，突然之间变成了一条时光隧道，把我带回差不多十六年前，第一次到这里来吃饭的光景。

那年刚刚大学毕业，第一份工作的收入少得可怜。然而，再微薄的薪水都毕竟是自己赚来的，自己就有百分百的权利喜欢怎样花就怎样花。工作了年半多，银行户口积存了那一点点钱，就相约当时刚找到“金饭碗”、在政府上班不过一个多月的庄臣和另一喜欢吃西餐的大学同学美弗斯，一起“胆粗粗”地到M at the Fringe来，吃了我们人生第一个用自己的血汗钱买来的gourmet experience。

所以，M at the Fringe可以说是我的国际美食启蒙之所，我之所以今天能够写着这一篇专栏文章，也可以说是当年M at the Fringe那一顿晚餐的造化。其实，当年吃过什么，现在可以说是印象模糊；但那正规的用餐经验和那天晚上在餐桌上的点滴，感觉却还是如昨天发生的事一般真切。今天重回旧地，吃着自己点的菜，百般滋味涌心头，当中不乏大量的惭愧。惭愧自己原来都是善忘、无情、喜新厌旧的坏分子。M从来没有改变过，今天点的每道菜，依旧保持应有的水平，亦未曾见异思迁随波逐流，仍然固守着她二十年前订立下来的信念和风格。变了的，其实是我这样的一般食客的心。是我的饮食虚荣心，令自己不知不觉，并且毫无根据地嫌弃了这家餐厅。十多年来无数次过门而不入，到今天知道她即将结业，才赶紧来见她的最后一面。

这一顿午餐，我的得着其实并不比当年的处女餐为少。十六年前是一次启蒙，十六年后的今天却是一次觉醒。这迷人的小餐厅实在是一片福地，失去了她，是香港人的福薄，也是一个时代终结的象征。就如创办人米歇尔·嘉娜特(Michelle Garnaut)所说，M at the Fringe的M代表“memorable”，也正好反映着这一家香港经典餐厅，在即将曲终人散的一刻，留给所有客人的最后礼物。

后 记

听说M at the Fringe正在积极地另觅新居，重新开业。只不过，要找一处能比得上艺穗会而又交通方便地点高尚的地方，相信是一千个难。若果想即时回味，也不是完全绝望的。早在M at the Fringe要结业之前，她的创作梯队很有先见之明，老早就锁定北望神州大地的目标。现在，M已经在内地有两家高级西餐厅，分别是上海的M on the Bund，和不久之前开幕，位于北京前门的Capital M。

M on the Bund　　上海市外滩广东路20号7楼
电话：86 021 63509988

Capital M　　北京市前门步行街2号3层
电话：86 010 67022727

主厨餐桌

吃东西的原始目的是维持生命，这是小学生也懂的简单道理。因此有人会认为，吃得饱和获得足够营养之余，再去要求食物的色香味乃至吃饭的环境气氛等等，都是多此一举，是靡费和吹毛求疵。无可否认，腌臜腥闷兼毫无建设性地嫌三嫌四的食客，是世界上其中一种最令人讨厌的类型，令人望而生厌到一个地步，希望他们快快吃鱼翅噎死大快人心。

绝对不是说只有“高档”的地方才如意，亦无意怂恿人吃饭要带白鸽眼。只是当有一天你肚子饿的时候，不留在家吃方便面，走到外头上馆子，还相约了知己数位同桌共享的话，那么一餐饭的意义，就绝对不只是求其填满虚空的肚皮这般原始单纯。不然，你也不会愿意花要比自己下厨多数倍的成本，到外面来吃一顿饭。那超出的金额我们其实是用来买些什么呢？

第一，你一定是用来买食物吧，第二，是买方便；然后还有买感觉、买气氛、买经验、买见闻，当然还有最重要的，是买服务。所以我爸爸常常说，上馆子如果老是点些自己在家里也能做的菜，就真正是个笨蛋食客。譬如到外面吃烧味就非常合理，因为纵使你精通厨艺，在香港标准的住家厨房里，做一只烧中猪我想是不大可能吧。就当你有能力有空间去做烧鹅好了，腌过后又要氽水又要风干又要上色邋邋遢遢的，就算有几个妈姐加外佣帮忙，也要折腾个老半天。到馆子去对服务员一挥手，皮脆肉嫩的潮莲烧鹅随即温馨奉上，何乐而不为？何况厨师们是专业人才，对着砧板炉灶比你对着你老公老婆还要多，我相信大多数偏离家常便饭的菜式，还是由职业手来操刀效果会好一点。

掠横折福

外出用膳当然不是没有风险的。近日友人在facebook传来恐怖新闻，有关中国内地黑心商人拿沟渠里捞取的污油，经化学程序净化后再当做食用油来廉价卖给餐馆。内地的官员说情况极严重，上街吃饭十次，就有一次机会吃到这些比砒霜还要毒十倍的致癌劣油，你说骇人不骇人？

病从口入固然可怕，祸从口出也不相伯仲。大约半年前的一个周末，到中环苏豪区一间老旧的面档吃粉，隔邻坐了位风韵犹存的女郎，大概待会赶派对之前，到路边小店来要碗面医肚。见女郎边吃边跟老板娘和帮手的婶婶有说有笑，似乎是位光顾多年的熟客。怎料女郎刚埋单离开不到一分钟时间，老板娘及婶婶就立刻肆无忌惮地谈论起她来，声浪之响情绪之高简直是当我和其他还在默默地吃面的食客是鬼魂一样不存在。最教人不寒而栗的，是从二人口中出来的每一句话，尖酸刻薄、风凉挖苦，假借祠堂道德审判标准，七嘴八舌凶猛地吞噬那女郎的尊严，三言两语粗暴地剥光她的衣服，赤裸裸地暴露她那些道听途说不知真伪的艳史，一切莫须有都只因女郎拥有她们恨之不得而恨之入骨的风情，吃不到的酸葡萄。不是说拿人家的糗事来过自己口舌招尤的瘾是什么弥天大罪，但确实不应该在其他客人面前毫不忌讳。我当时坐在那里，只有尽快把面前的一碗粉吃完，一言不发付钱离开这是非之地，并决定从此不再光顾这家店。

我 爱 厨 房

中国人什么事情都爱在饭桌上解决：生死、婚姻、及第、上契、和解、贿赂、笼络、相亲、道别、洽商、庆功、致谢……

许多许多社交人情，都尽在碗筷菜肴之间。中国人家庭爱在圆形的桌子上吃饭，一桌十到十二人，刚好凑成一张大小适中的筵席桌，令每个人与对面的人距离不会远至听不到彼此的谈话声，也方便一伸手就可以用筷子夹住放在桌子中央的菜肴。边吃边滚动眼球，就可以看得见所有同桌的人，令话语来回不断，沟通畅达无阻。

吃饭也是种体验，这方面老外比我们略讲究。我们把精神放在菜式上，甚至把它提升到文学艺术的层次。老外也着重食物本身的质量，但也爱仔细地铺排用膳的环境气氛。就如户外饮宴，中国人也有，但现今已不算寻常事，老外对 alfresco dining（户外饮宴）却早已玩到出神入化。香港有 alfresco dining 的地方，特别受外国人欢迎，外国人编写的饮食指南也大多有列明餐厅是否有户外座位。

中国人都会认为只有下人才会在厨房里吃饭。外国菜的世界近年却想出了在高档餐厅的厨房里吃饭的新玩意。Chef's table 有如私房菜一样，却比私房菜更要私人得多，因为饭桌是摆放在厨房里的一隅，可以看到大厨为你做菜的过程。香港半岛酒店有两个 chef's table，一是中菜厅嘉麟楼，另一是有差不多六十年历史的法国餐厅 Gaddi's（吉地士）。其实我第一次听闻有 chef's table 这回事就是在 Gaddi's，当时立即觉得这是个超帅的主意，早就想找个机会试试，但因为太受欢迎以及每餐饭只能供应给一台客人的缘故，所以要提早很多订位，对我这种工作时间极不稳定的人来说，差不多是等于无缘问津。

终于有机会约到Gaddi's的主厨戴维·古德里奇(David Goodridge)来个chef's table的三道菜午餐示范，令我期待经年的梦幻食堂终于得到实现。戴维是位来自英国的年轻厨师，曾经在法国的Le Maison Troisgros、Restaurant Pierre Gagnaire和La Cote D'Or这几家有名的餐厅工作，亦曾为已故英国皇太后做过两次宴会菜。他的烹调风格是比较偏向当代法式，少用传统的浓汁，爱用清新怡人的泡沫汁来精点菜肴的味感。Gaddi's的菜单，亦在他的领导之下，渐渐由较为经典法式传统，改革成为清爽隽永而且健康美味的当代法国料理，却又同时保存了Gaddi's瑰丽典雅的风格和最高规格的食品质量。

图3-1

作为全港乃至全球最先出现的chef's table之一，半岛酒店吉地士chef's table的布局可谓名副其实地展示这独特餐饮经验的原意。客人在订台时有机会跟厨师商议一份完全度身定做的菜单，用餐当日，会被安排坐在厨房内的一角摆放的一张小桌子。桌子和椅子全都是用不锈钢造成，跟厨房内所有设备统一。客人全程都可以清楚地看到厨师们怎样烹煮、怎样上碟，厨房里日常运作的规矩和流程，客人们都一览无遗。这是最严谨的厨房才有能力和信心去做的事，才可以大方地让客人窥视整个煮食和装盘的过程。主厨会为客人传上每一道菜，也会详细解释菜式的内容，和解答客人的问题，是认真的美食爱好者的梦幻体验，有如邀请到你最爱的歌手，在一处私人空间内为你演唱你自选的曲目之余，再跟你讨论和分享音乐一般梦幻。另一优点，就是吃饭时绝对不会出现我在那苏豪区面店里的恐怖经验，不过所付出的价钱也当然是天渊之别。所以，在香港这种凉薄的大城市，如果不想要忍受那些不人道的对待，还是要努力挣钱来令自己有更多不同的选择，这也是资本主义社会可爱和可悲之处吧。

图 3-2

Gaddi's

九龙尖沙嘴梳士巴利道22号半岛酒店1楼

电话：852 25153171

楼上雅座

我自问并不是一个不讲道理的麻烦人，但不知道是我高估（或低估）了自己，还究竟是社会的错，我的许多想法往往都会令人觉得我是吹毛求疵、强人所难，甚至不近人情。这点我着实不好自辩，皆因自己看自己就如在一个封闭的系统中孤独运作，我虽然一定有办法说得过去，只是别人却未必听得下去。所以，有时纵使肚子里有一大堆强烈的观点和看法，但碍于实际情况不利随意发表，或更悲哀的是发表了也毫无意义之时，我就会选择缄默不语，尽量以平静有礼的微笑来为自己解窘过关就算了。这是否别人口中所谓“世故”和“犬儒”？

这个情况在别人谈起食的时候经常发生。可能因为食这回事实在关系着任何年龄、种族、性别及背景的人，简单一点来说，自盘古初开，“食”就一直跟每一个人有最直接的关系，是你我他之间最能够互相分享的一种经验和想法。

饮食经过了千百年的演变和进化，已经复杂到任何人就算穷一生的精力和时间，也没有可能完全学得懂的地步。但又因为“食”实际上是每个人每天必然会经验的事，任何人都对其有一定的感觉或回响。再加上“食”这回事在人类历史中，无可避免地跟其他范畴的文化类型，产生了错综复杂的关系。诸如文学、建筑、宗哲、经济、医药、语言、渔农、地理和化学等等，无不与饮食行为本身，或者与食物作为一件存在的实体之间，彼此发展出千丝万缕的联结。所以，每当提到“食”，就好像人人都有意识和意图去分享以至批评，人人都变成了一种只求自我感觉良好的“食家”，不太追求对这个本来十分严肃的课题的客观审视和透彻理解。这种“普及化”和“表面化”，正好配合现今完全消费挂帅的享乐主义在饮食业当中的具体实践，也可能是为何近年国际传媒全都大力推动“饮食”这个名目的原委。因为它是现今这个所谓太平盛世的闷局之中，唯一人人皆有共鸣、人人皆自命了解和关注，而又其实最无伤大雅无杀伤力的热门题目。

享乐无罪

不知是中国人近百年穷惯了被看扁惯了，还是出自长久以来的自卑自负所引起的笑贫仇富情结，我们对于“享受生活”这种文明的副产品，远远没有我们祖先那般平常随心，亦远不及老外们理直气壮。“享受”不等同“消费”更不等同“奢侈”和“浪费”，这点我觉得古人比我们通达得多。要真正享受一件事物或一个经验，是必先要对这事情有相当的了解，才能体会个中的奥妙与情趣。举个例子，就普通如散步好了，双脚能走路的人相信都会散步吧。但若果你对沿路的风光了如指掌，懂得选择路线又懂得先看看天气预告，亦会穿一些舒服的装束，那么你的散步体验一定会比毫无知识又懒于准备的人要丰富，而且能够真正享受散步这个最简单的活动所带来的种种乐趣。这些知识不是靠金钱财富或权力所能变出来的，而是先要对这件事提起兴趣并认真对待，然后懂得运用正确的方法，花上若干时间心力来思考和预备，才能做到从容不迫自得其乐的境界。现在我们走在街上，实在太容易看到盲目花钱去买优越感和安全感的这种可怜事。以前听过一个说法，就是“中国人很擅长赚钱，很喜欢储钱，但完全不懂得花钱，只懂得去赌钱”。不论这说法有多偏激和不正，听在耳里还是要教身为中国人的为之黯然。社会的进步和经济的成就，是应该为人的生活带来更高质素，为所有人带来安乐和幸福，而不只是为多买几个也不理是否真心喜欢的贵价包包，或点了满桌子山珍海味来吃剩而丢弃一大半。

然而，我却绝不反对艳丽华美的事，因为我相信世界上是没有绝对的善或恶。一切都是取决于我们如何看待那件事，关乎我们是否诚实、宽宏、公正、仔细地处理，和是否运用了我们的知识和智慧，胆大心细地去作出每一个决定。这样我们就算是身处迷惑之中，也不会失去判断能力，好的坏的都无惧无怕，理直气壮。相信这就是我们做人的所谓“情操”和“气量”吧。所以我们只要自知自明自量自强，面对高高在上的奢靡，又或是咄咄逼人的恶俗，都完全无须左顾右盼神经紧张，亦不用插科打诨故作舒坦。做人轻松自若，便去哪里都能享受生命，去哪里都会被人尊重。

食装修

再说我的孤癖。许多时别人随便发表一些伟论，我真是无法苟同。例如有许多人拒绝光顾一些所谓“高档食府”，原因通常是“不是花不起钱，只不过不屑花钱去食装修，还得受侍应的白眼”当然，人各有志，我不能强行说这个观点有什么绝对的谬误在其中。但我个人不太认同这种说法。我觉得如果没有准备要去这样花掉一笔消费额，那么不去选择这类型的餐厅绝对合理。但当可以去花费而又准备去花费的话，我就不觉得去“食装修”有什么问题。“装修”，或广义一点来说，“环境质素”，是绝对应当被认真对待的。当“食”发展成为人类文明其中一大题目，整个进食体验中的所有元素，都是建构这个文化活动的梁柱。食物如是，桌椅餐具杯盘灯光环境节奏排场卖相时节禁忌等等亦全部如是，因为它们全部一起堆积出我们今天的饮食文明。懂得去“食装修”，就是懂得如何欣赏饮食文化，是完整地享受一顿文明饭餐的技巧之一。

中国有餐馆这玩意儿已经许多个世纪。自古以来，在饮食享受和气氛上，越上得楼层高就越见雅致。这有可能是因为楼上远离烦嚣的外街，可以眺望远方的景物，而且在较为幽静的环境中吃东西，心情也自然会愉快点，亦更能细心品味厨师的手艺和心思，以及把焦点多放在与你一同进餐的人上。所以从前在香港，哪怕是最普通的冰室或酒家菜馆，通常也会辟出阁楼来迎客，在往上层的楼梯间贴上“楼上雅座”的标示作招徕。无论是情侣谈心、生意洽商，甚至江湖过招，无不喜欢拾级而上，到楼上去自成一角，好有空间去处理私人或者社团的种种恩怨情仇。

天外天、楼外楼

今天高楼林立的香港，上阁楼已经不能算是占得一席雅座了。要吃得高雅，就必须要登峰造极，要到摩天大楼的顶层，才能真正居高临下、远离凡尘，吃出个何似在人间的盛宴。现存的确有不少这类高高在上的餐厅，可供我们“食装修”、“食美景”。但千万别忘记，“食饭”始终是重点所在，所以要找一家装修及景观都达到顶上级数，而食物亦同时表现出最高水平的才是王道。我的个人选择有两家，刚好一西一中，一间在香港一间在九龙，遥遥相对，相映成趣。先说在港岛金钟的一家日子比较长的Restaurant Petrus（珀翠餐厅）。位于华丽宏伟的港岛香格里拉酒店顶层，“珀翠”绝对是全店的星光所在，是名副其实的好中之好。餐厅的装修走当代典雅的路线，并没有过分矫饰。空间不小也不大，日间光线和煦，晚上气氛浪漫。邻近那些高低跌宕错落有致的大厦，在如此近距离观赏所带来的魔幻震撼感，足够令每一个到来的客人神魂颠倒。加上来自法国的主厨弗雷德里克·沙贝尔（Frederic Chabbert），凭“食物应该充满不同味道而毫不造作”的信念，烹调出味道繁复却雅洁齐整的法式美食，令这二十年来珀翠都是港岛区“最高餐桌”的首选。在2009年获得一颗米其林星这个荣誉，实在是对长期提供稳定高水准法国菜的珀翠最踏实的肯定。

图4-1

图4-2

九龙区高楼大厦比对岸少得多，也相对年轻得多。这边的最新焦点，肯定是刚开业，占据全港第一高楼最顶十多二十层的Ritz Carlton（丽思卡尔顿酒店）。Ritz是现今全球最高酒店，拥有环回360度香港全景及多家全球最高餐厅，其中中菜厅天龙轩相信是全球最高的粤菜餐馆。天龙轩面积不算太大，但楼底特高，一步进餐厅就感受到一种气宇轩昂的空间特质。主厅面对西九龙一带，可以以非比寻常的高角度和远距离，眺望比针头还要小的车子往来穿梭昂船洲大桥。这现代都市的场景，不知为什么会令我联想起写意的中国画来。这正好配合天龙轩主厨刘秉雷师傅所主理，扎根于传统精品粤菜规格的创新佳肴。从午间的巧制点心，到晚饭的滋味大菜，都能显示出粤菜灵活细腻的本质，同时亦渗透着刘师傅深邃而隐晦的厨艺功力。

尝过了天龙轩和珀翠中西两极各自精彩的菜式，从此对“人望高处”一语有了另一重感受，严重畏高的朋友恐怕就要少了这份在琼楼玉宇吃饭的乐趣了。

Restaurant Petrus

金钟法院道太古广场港岛香格里拉酒店56楼
电话：852 28208590

天龙轩

九龙尖沙嘴柯士甸道西1号环球贸易广场
丽思卡尔顿酒店102楼
电话：852 2632270

碟碟不休

要数中西文化交流之地，丝路肯定是鼻祖。外国人认识中国，广览中国的丰饶物产和文艺瑰宝，都是始于这条贯通欧亚的商旅之路。那时候的中国，正值汉唐之时，文明先进，有许多教人景仰的人文科学成就，堪称为巍巍大国、傲视群伦。

如果要数受外国文化影响最深远最悠久的一块中国土地，可能是我们的姊妹城市澳门了。历时四个半世纪的葡萄牙殖民统治，令澳门成为第一个，也是最后一个中国领土上的外国殖民地。洋鬼子最初进入中国内陆，要借助澳门这个落脚点，在那儿歇歇足、洗洗尘，顺道适应一下亚洲大陆的风土气候，学学中文，好好准备日后进军中原的崎岖路。

我常常想，我们今天在澳门吃到的葡国菜，很可能是世界上最早出现的 fusion cuisine。葡萄牙人在澳门落地生根，把看到吃到的南中国菜式和食材等等，融会在葡萄牙菜的烹饪之中，经过时间的定型与沉淀，大致形成了我们今天在“木偶”、“熊猫”、“山度士”、“船屋”、“公鸡”及“沙利文”等等澳葡式餐厅所吃到，既有欧陆风味又暗送家乡温情的所谓“豉油西餐”。如此说来，早阵子在世界各大名城大行其道的 fusion 菜，相比之下简直就只是个尚未断奶的婴孩。

c h i n a　f r o m　C H I N A

香港嘛，相比于老资格的澳门，当然就谈不上历史悠久、文化丰厚。不过却胜在名字够响，皆因在这里殖民一百五十六年之久的，是上两个世纪叱咤风云的大不列颠联合王国。可惜，英伦诸君从来都不是馋嘴“鬼佬”或馋嘴“鬼婆”，所以他们跟香港的饮食文化只是擦肩而过，没有如葡萄牙人一般，在澳门留下几道可口的痕迹。

反而，饮食文化平实的英国人，往往会从外地引入名菜，令这些新口味彻底地成为英伦餐桌上的合法移民。例如来自印度的咖喱和中国的茗茶，现在都是英国国土之上，人人皆吃的 national dish 了。

英国人不但引入了茶，还引入了茶具。虽然英伦的喝茶文化似乎不是直接从原产地中国入口，但且看英式茶壶的外形以至用法，跟中国的茶壶根本没有两样。英国的茶壶，乃至茶杯、碟子、奶油瓶、糖罐等等，大都是瓷器制品。瓷器，英文除了可以写成 porcelain 之外，还有一个更广泛的通用的写法：china。

立即翻查脑袋里非常有限的英语字汇，既是国家名而又可解做其他事物，能够想起来的暂时只得三个：Brazil 是南美洲最大国，而 brazil 是一种藏在有三角形边深褐色外壳里的果仁；Japan 大概是大部分香港人最爱的地方，而 japan 是一种用来涂在器皿上，使之呈现珐琅一样光滑质感的黑色漆料；China 是中国，china 也是我们中国人曾赖之以发财立品的精美瓷器艺术。

曾经，中国的瓷器制作技术只此一家；曾经，景德镇和龙泉窑等等是举世无双的瓷器之乡，生产出最高质素的瓷制珍品。这些珍品都是实至名归，无论是瓷匠的工艺，或是制作泥坯用的高岭土，都是顶尖级数、无出其右。

可惜，近代中国的国技水平不断大倒退。曾经独领风骚的陶瓷制作，早已经沦落为粗制滥作的无耻工业，连一只厚薄均匀、顶底水平对称的平民饭碗都无法做得到。如此不尊重自己的文化，着实世间罕见。曾听说过这样的一个悲惨故事：有某国家的瓷器制造商，大量购入景德镇制作的瓷器。当货物由中国运到时，工厂的人员二话不说，货也不验就把整批瓷器摔个稀巴烂。因为进口商根本就对这些做工粗劣的瓷制品没有兴趣，他们入货的目的，其实是为了要取得中国高岭土所制成瓷器的碎瓷粉，加入它们未及质优的黏土中。用这种混合黏土所烧出来的瓷器，会变得坚硬亮丽一些。

无论故事是真是假，有这样的流言于世，也足以教人欷歔。

china from FRANCE

其实，早在16世纪，欧洲就已经成功研究瓷器的制作方法。经过几个世纪的钻研，加上科学理论作辅助，在欧洲各地生产的瓷器早已做到品质精良、大雅可观。随着时代转变，许多瓷匠瓷厂渐渐竖立起自己的品牌，如Villeroy & Boch、Haviland、Bernardaud、Wedgewood、J.L. Coquet等，很多都是上百年，甚至二三百年的厂牌，也是今天各种高级筵席餐桌上的crown jewels。

其实，除了专门做瓷器的老字号之外，许多国际著名的高档品牌，都开始制作瓷器、银器等等餐桌用品，把品牌所代表的一套美学及姿态，延伸到其他生活细节上面去。Versace、Calvin Klein、Ralph Lauren、Giorgio Armani等大牌子，或甚至Vera Wang、Marc Jacobs等较为年轻后起之辈，都开始有自家品牌的餐桌瓷器系列，或与专门做瓷器的老字号合作，设计一下杯盘碗碟来过过瘾。

而在这堆万人景仰的商号之中，其中最经典的，把自家的瓷器制作得最认真的相信要算是 Hermès 了。凭精工皮制马鞍起家，于 1837 年在法国巴黎创业的 Hermès，有个相当之高明的大中华区统一中文译名："爱马仕"。爱马仕是少数并未曾被大规模企业化荼毒得只懂宣传和拓展市场而遗忘了着重质料及工艺的名牌。爱马仕的产品，依然代表着一丝不苟的工艺水平、精良奇巧的设计技术和一种旧世界的尊贵豪华气派。但在保留优良传统之余，爱马仕从不缺乏创新意念，例如在 2008 年与 Bugatti 合作推出超级豪华的 Bugatti Veyron Fbg par Hermès 跑车后，又曾与 smart car 合作，打造价位经济得多的小型座驾 Hermès Smart Fortwo，教人十分之惊喜。

爱马仕的第一件瓷器产品，是早在上世纪 50 年代推出的经典的长方形烟灰碟。1984 年，爱马仕推出了第一个餐具系列 Hermès Les Pivoines，这是一套染上爱马仕经典丝巾图案的高级 Limoges Porcelain。利摩日（Limoges）是法国中部的一个小城，16 世纪中叶在这小城附近的一个叫 Saint-Yrieix-la-Perche 的地方，发现了质素相近于中国的高岭土和类似白墩子的石矿，因而成为法国其中最早生产瓷制品的地方，利摩日也成为了坚硬亮丽的法国瓷器的代名词。今天的爱马仕，每年都有不同主题和设计的瓷器餐具系列上市，虽然价格高昂，却不乏追随者，皆因制作确实是太精美了。

china from HONG KONG

我当然没有家里拥有全套爱马仕餐具的幸福享受，但却也有用过全套爱马仕餐具来吃一顿饭的幸运。我有个朋友是爱马仕迷，有一次我去他家做了一顿饭菜，大家朋友几人就是用了全套染有荷花图案的爱马仕中式餐具来用膳。这是我跟爱马仕瓷器的第一次邂逅。

最近的渊源，就是有幸到香港文华东方酒店的Krug Room（库克厅），参观他们最新运到的全套18件爱马仕餐具。先简介一下Krug Room，它可以说是文华东方酒店里面最特别的餐厅，位于行政总厨乌维·奥博森斯基（Uwe Opocensky）工作的大厨房旁，与厨房只是一面玻璃之隔。在Krug Room用餐时，不但可以对厨房的运作情况一览无遗，主厨还会亲自介绍每一道菜，客人们也可随意提问，是一种chef's table的形式，只不过文华把它搞得比一般在厨房里面吃的chef's table更多了几分优雅。只供最多十人享用的Krug Room，布置得既华美又舒爽，加上席间可同时品尝为这私人宴会厅冠名的Krug香槟酒庄所提供、共五种风格不同的香槟酒，令一顿Krug Room的晚餐堪称得上是once in a lifetime experience。

至于那套新鲜由法国运到的爱马仕就更加不得了。合共18件白瓷为本的餐具，命名为“Les Poèmes du Mandarin”，是爱马仕专门为Krug Room而制，灵感来自Mandarin Oriental的东方特色。设计餐具的香港设计师，是负责Krug Room室内设计的Marc&Chantal，运用了美籍华裔著名书法家冯明秋先生的墨宝，来作为餐具的主调图案。冯先生所善长的解构式创作字体，正好跟Krug Room精简趋时的气氛，和爱马仕雪白晶莹的白瓷配合得浑然一体、十全十美。纵然是一顿平实的家常便饭，有了爱马仕餐具的烘衬和渲染，都能平添万分春色；更何况用膳的地方是独一无二的Krug Room，做菜的是曾于世界第一位餐厅西班牙el Bulli取经的总厨乌维·奥博森斯基，再加上醉人的Krug香槟做伴，即使未能实现Breakfast at Tiffany's，也大可在Krug Room来一个Dinner with Hermès，保证绝对无憾。

图5 1

Krug Room　　中环干诺道中5号香港文华东方酒店1楼
电话：852 28254014

平素有酒

我从来都不是酒鬼，从前不是，将来也应该不会是。但我并不是不爱酒，也从小就喝酒，只是酒从来都没有跟我建立起一种亲密关系，一种好像我跟广东菜、上海菜，甚至日本菜、法国菜一样的互相信任。当我开心时，我会想起去吃一顿法国大餐；寂寞时，一个人去吃一碗茶渍饭会给我一种有人跟我同病相怜的安慰；思念母亲时吃馄饨，身心疲惫就去吃生滚鱼骨粥，良朋相聚就没有比打边炉更能联络感情了。吃饭时当然也会喝酒，但酒是陪衬，菜肴是媒，人情才是席间的主题所在。

中国人喝酒的历史，一定是世界上最悠久的其中一个族群，酒的种类也五花八门，只是没有近代法国人、苏格兰人或日本人那般系统化，喝的人也只求满足口欲心瘾，没有多少认真地看待中国酒这个课题。更多人是利用酒来作业，来达到某些不好以言语动作来达成的目的，又或者借酒消愁结怨。我信世间事物有灵气，人是要敬畏要尊重的。这样利用酒来满足私欲，我就觉得是种不敬，如此倒过来酒的灵气也不会为你增进任何裨益；你滥用了自己的自由，换来的可能是更进一步钻入生命中迷惑的深渊。

所以我常常相信“欺山莫欺水”，同样欺菜就莫欺酒。宴席间强充英雄豪杰，通常只换来狼狈收场、贻笑大方；吐出来的比喝下去的还多，无论是为开心为不开心都着实是太放任、太自私的行为。没有纯净的心意，没有给自己充分的空间，是没有可能品出酒的丰沛味感层次的，喝下去的只是酒精的化学成分，平白浪费了酿酒人的心血。天理是循环不息的，到有一天你无论花多少金钱也再无法觅得佳酿的时候，就要记得我们今天种下的恶果。

醉翁亭

中国人叫吃饭的地方“酒家／酒楼”，细心想想真的很妙，怎么不叫菜家肉家，汤楼饭楼，偏要把酒拿来作重点？(是有叫饭馆菜馆的，但予人去品尝食物的享乐场所这印象的，始终是酒家，或更隆重地称为“大酒家”)，这个可要找专家考据，不过我粗略查探过，有说宋代就已经有酒楼林立的景象，例如当时汴京就有“丰乐楼”、“欣乐楼”等有名的酒楼。那时的酒楼都是饮宴场地，跟今天我们的酒楼其实功能上没有多大分别。

中国人都是爱吃比爱喝的多吧，酒常常都见用于维系美食人情艺文娱乐之上。今天见于商务晚饭的豪干白酒的文化，不知道有多久历史？不过这次并非要写中国饮酒文化，因为我根本不会写。我这种完全不认真地饮酒的人，饮都只是为符合社交礼节，完全没有资格去谈酒这个十分严肃的课题。

那我还是写吃的吧。醉翁之意不在酒，而在乎菜肴之间就是我这种人。不过我想跟我志趣相投的人应该不少，因为实在有太多吃酒肴的好地方，有招摇过市的五彩霓虹灯加LED大招牌，用文字用幻想来请君入店；当然也有些韬光养晦、best kept secret的类型。我自己比较喜欢后者，因为要花心思力气去寻找，或是要识途老马带路才懂得去的，多数不会是等闲之店。

落 脚 点

文华东方酒店是我很尊重的地方。光是豪华出名及获奖无数是不足以归纳出这个地方的可敬之处。而她的门槛无论见证过多少名流官绅的足迹倩影，也不会令这座可谓其貌不扬的名酒店蜚声国际。这个土生酒店品牌之所以有今天的地位，是全店上下严谨认真和仔细的工作精神为她一点一滴地赚回来的。酒店最重要的是服务，但若果你是本地人的话，大概就没有什么机会光顾她的客房吧。那么，到她的餐厅去用餐，就是最直接地感受她优良认真的服务的方法了。

“文华东方”有很多餐饮场地，我觉得对“hidden gem”或“best kept secret”这名衔最当之无愧的，一定是Chinnery（千日里吧）。这间很可能是全港乃至全亚洲的gastropub（关注美食餐饮的酒吧）先锋，自上世纪60年代初开业以来，就没怎样改变过，除了在上世纪90年代以前，Chinnery还是一处traditional gentlemen's club。在老旧的英式殖民地传统中，这样绅士淑女们各有自己的聚脚点，流传单性别小天地的上流社会玩意儿，在港英年代是十分理所当然的事。直到上世纪90年代，当这传统在英伦本土也开始式微，Chinnery也随着小城告别殖民时代而开放。

格调依然非常不列颠的Chinnery，拥有号称全亚洲最可观的单一麦芽苏格兰威士忌收藏目录，也是寻求一刻时光倒流旧世界的好去处。Chinnery除了威士忌有名和服务异常亲切仔细之外，其实也是享受英式pub grub的场地。传统public house是主要饮酒社交之处，食物

图6-1

完全不重要，其功能只是最单调的送酒菜，诸如花生腌蛋脆猪皮等等。后来大城市里的 pub 也有卖些传统英国菜，如 steak and kidney pie（牛柳腰子派）、fish and chips（炸鱼薯条）及 bangers and mash（香肠薯泥）等大家称为 pub grub 的食品。Chinnery 的菜单也是追随着这传统，分别主要在于食物的品质和烹调的功夫。在 Chinnery 吃 pub grub 就如灰姑娘上了南瓜车一样，你会发觉原来恶名昭彰的英国食品，若果用料讲究和用心调理的话，一样可以是能登大雅之堂的美味。Chinnery 的大厨们的确还了英式料理一个公道。

居 酒 屋

不晓得什么时候香港人开始认识居酒屋这玩意。我记得还在念大学时，一班刚满合法酒龄的年轻人，浩浩荡荡去“威”也只会选择英式 pub 来光顾。那些还沿用老苏格兰叫法的什么什么 inn 的地方，里面暗昏昏的只有酒杯碰撞的光影，人声沸腾好不热闹。那时候居酒屋只是少数人的特殊爱好。

图 6-2

不过香港人在吸纳日本文化方面是非常领先的。当近年西方人开始认识 izakaya 是什么一回事，香港的居酒屋早已成行成市了。居酒屋是直接把日文 izakaya 的汉字写法搬字过纸，意思是有酒可饮有饭可吃的小馆子。与英式pub不同，居酒屋开宗明义是搞吃的，反而饮方面其实只需要办好质量的货回来，一瓶一瓶的卖就成，也不必花太多心思，只要选择够精品人客就自成酒仙了。

居酒屋要分类的话，反而跟它主要提供什么类型的食物有关。例如卖烤鸡肉串的是“き焼鳥屋”；明火烧烤各式菜和肉的是“炉端焼き”；以关东煮为招徕的是“おでん屋”等等。可见食物是居酒屋的主要卖点，人们来光顾也是为着来吃一顿饱饭，再与同行人一起把酒谈天。

近年日本的饮食文化变成了世界各地的某种主流。欧洲的米其林明星争相在自己的菜式加入日本元素，仿佛点石成金一样，任何菜系加入了东洋风，哪怕只是伴碟，或更甚的只是用了只日本风的盘子来盛菜，再在菜单上加几个日文，那样你的餐厅立刻时尚，菜单立刻创新，食物立刻轻巧。这现象多少跟洋人不理解东方文化，因而产生神化日本菜的效果，跟认为中国菜只有油腻、外卖韩国人一天到晚烤肉、印度人餐餐泥黄咖喱一样，都是由不理解不认识衍生出的误解和偏见。

我绝不是说日本菜不好，相反她是我真心喜爱的其中一个大菜系。只是爱她就应该多理解她认识她，不要搞出个因误会而恋爱、因了解而分手。

The Chinnery 中环干诺道中5号香港文华东方酒店1楼
电话：852 28254009

Hapa Izakaya 1479 Robson St, Vancouver B.C.
Tel：1 604 6894272

流着泪食辣

一直不敢写有关辣这个题目。熟悉我的朋友们一定不明白为什么我不敢写，因为我勉强都算是嗜辣一族。虽然还未到达无辣不欢的地步，但平常不出三五七天，就会自自然然萌生去吃一顿辣的念头，好像上了辣瘾一样。所谓吃一顿辣，也当真是煞有介事地吃的，随便吃一碗鱼蛋粉或者牛腩面之类然后放些辣椒，这种不算是吃辣；起码要像麻辣火锅或者正宗印度咖喱那些才算合格。若果有水煮鱼麻婆豆腐剁椒鱼头之类当然惬意，能邀约三五“辣脚”一起分享舌尖上的灼热就更为一大乐事。不然，只得一个人吃的话，赶一碗云南米线或重庆酸辣粉也聊胜于无。

怕 辣

不过，虽然我好辣，但却绝对不算很能吃辣。菜肴的辣味若果到达正宗川菜或湘菜的程度，我虽然还是会吃得很过瘾，但肯定未吃到一半已经洋相大出：先是额前冒汗，接着轻微脸红耳赤，继而泗涕纵横溃不成军。流着泪都要硬撑着吃，部分是好胜心使然，仿佛顶得住真辣子才算得上硬汉子，但也有部分是真情真意地喜爱这种刺激神经的味道感觉。“辣”，是中国人的“五味”之一，是餐桌上常见的调味手段，跟我们的生活息息相关。我们常常会用五味来譬喻人生，“甜酸苦辣咸”就是蚁民大众一生荣辱的写照。老百姓的生活智慧，在最平凡的菜饭之间就把人生大道理悟出了，还用它来作活教材；两只筷子之间夹着的，是文化和生活艺术，也是做人处世生存之道的领悟。

“辣”虽入五味，但从科学上来说，跟其他四味有基本上的分别。因为甜、酸、苦或咸，我们都要凭舌头上的味蕾才能感应得到，是真实的“味”感。相反“辣”并不是靠味蕾来感应的，它是一种由不同的“致辣源”如辣椒素等，跟我们身体的神经细胞迸发出类似灼热感觉的化学作用。辣不一定要在口腔内或舌头上才能感觉得到，身体其他有黏膜组织的地方，如鼻腔、指甲内侧的连肉或性器官等，其实都可以感受“辣”。相信许多人也曾试过切完辣椒之后，指头会有灼热感；又或者用碰过辣椒的指头擦鼻子，就会把鼻腔辣得死去活来。这些都肯定是许多经常入厨的朋友的切身经历。

一想到辣味，同时就会想起辣子。其实能为食物添辣的，除了辣椒之外还有老姜、胡椒、辣根或芥末，凉菜中放生蒜或生葱等都会令食物的味道变得辛辣。不过，在人们的普遍认知之中，“辣椒”才是“辣味”（piquance）最具代表性的象征物。辣椒据说源自美洲大陆，远在公元前就已是当地人民的农作物。直到哥伦布打开了美洲大陆之门，辣椒才跟随西班牙和葡萄牙人的商船，及传教士们被直接及间接地带到世界各地。有些地方，辣椒留下来之后，慢慢变成了当地的主要调料及食材，令这些地方如印度、韩国、匈牙利及不丹等等的饮食文化风格起了革命性的转变。

辣 手

一直不敢写辣，绝对不是因为不爱辣，相反我对有辣味的地方菜特别有好感，例如韩国菜、南洋诸国的菜系和辣菜老大哥印度菜。印度菜，相信跟中国菜一样，都是被西方世界主流社会误解得很深的一种大菜系。除了英国人因为历史原因，比较全心全意地拥抱印度菜之外，就算在香港这个拥有大量印度籍市民的地方，一般人根本完全不认识印度菜，只知道有样东西叫做“咖喱”（curry），连咖喱是怎样煮出来的都一无所知。而我，其实也惭愧地对这种我十分爱吃的特色菜不甚了解，所以每次想要写辣，都对印度菜有一种内心的歉意，因而举笔维艰。

丑妇终须见家翁，决定写辣之时，明知自己是在班门弄斧，希望出于对印度传统食品的敬仰之情，纵使只谈得个皮毛，也可看成是个抛砖引玉的善行。印度是文明古国，民族的哲理文学等等精神层面相当早熟，亦曾经非常富庶，因此其饮食文化的面貌亦非常华美繁丽。因为民族多元及多次被外族统治，印度食品受许多不同地方和不同时代的外来饮食文化所影响，加上印度本土幅员广阔，地方菜系如星罗棋布，这一切因素都令印度菜成为一部内容丰富、错综复杂的经典巨著。

今次先只谈有关辣的事吧，先谈我们常说的“咖喱”。咖喱是一个西方人的概念，或者说在印度菜中，其实并没有咖喱这个名词。用三言两语去说清楚这个课题并不容易，不如这样解释：印度菜并不等同咖喱。咖喱是一种菜肴的呈现方式，在不同地区的印度菜中都会找到，但这些菜的原本名称没有“咖喱”这个词在其中，它们也不属于一个名为“咖喱”的分类之下。总言之，我们拾西人牙慧，把这些连料带汁一同上桌，味道复杂香料繁多的食物叫“咖喱”，但要知道这并非印度菜的真正原意，或者说这完全不能代表博大精深的印度菜。

咖喱也不一定是辣的。今天你去任何平民化的印度菜馆，都会吃得到一系列精选了印度各地区最为外国人喜爱的咖喱，情况有如你到唐人街的中餐厅，可以同时点蜜汁叉烧、北京烤鸭和宫保鸡丁一样。这些来自不同地区的咖喱，辛辣程度不一。就好像我到位于九龙加士居道伊利沙伯医院前的印度会探访，他们为我准备的三款咖喱辣度都很不一样。其中最辣的，是来自印度西南沿海小城邦果阿邦的名菜vindaloo。果阿邦（Goa）曾为葡国殖民地，传说辣椒是葡商最先引入印度的。这道酸辣味为主的菜，可能是一道名为carne de Vinha d'Alhos的葡菜的变种。它原本是用了红酒的炖菜，果阿邦的厨子取其神髓，把红酒换成麦芽醋，加入大量传统香料及红红的辣子，使之成为了一道蜚声国际的葡印混血大辣菜。

图 7-1

老辣

若果说蜚声国际的辛辣口味，多数西方人都会第一时间联想到印度菜，然后可能是泰国菜、韩国菜或者更冷门的埃塞俄比亚菜，也未必会联想到中国菜去。所以前面我写道，觉得印度菜和中国菜都被严重地误解了，印度就有惨被简约化的“咖喱谬误”，中国就扣上了“油腻贱价方便行餐”这个可怜标签。直到近年，中国再次冒起，世界才开始重拾对她的种种兴趣，包括她的精彩饮食地图。人们开始认识中国的地方菜系，今天提起辛辣饮食，许多人都开始懂得去敲四川菜的大门了。

我常常拿我们中国菜和法国菜来作比较，因为就我的知识所及，当今世上只有这两种菜系能立于泰山之巅，观摩比试。没有第三个菜系有同样的原创性、历史性、技巧性、文艺性和多元性，还有宽广度和影响力。两者之间，就当代而言，总觉得在功架上法国菜已经把我们抛离。幸好我们有四川菜撑起半边天，免得全军尽墨前功尽废。为什么川菜有这个能耐？就是靠“麻”和“辣”。这两种不属于味道的味觉，配合其他味道所创造出来千变万化的复合味型，正正是法国料理中所缺少了的一块重要拼图。我们有幸拥有“川味”，令我们在味感层次这个环节多取了宝贵的一分。

我对正宗川味自小就很好奇，因为在我小时候，香港是几乎完全没有正宗川菜馆的。有的都是广东化上海化的，要不就是偏重小吃的店子，虽然食味还可以，但没法彰显这种中国四大菜系之最的深厚实力。直到有一年到德国柏林，搞一个为期一个多月的香港艺术节，在那里认识了艺术家王亥先生的太太王小琼。小琼是位歌唱家，在音乐上是前辈，饮食上更是大师，因为她是全香港，乃至全中国其中一位最出色的川菜厨师。那次在柏林演出之后，小琼和同是四川人的著名川剧演员田蔓莎，借用了当地一家唐餐馆的厨房，给我们全组人员炮制了一个麻辣火锅宴。席间我不停贪婪地蘸食那碟没有什么人碰的花椒辣椒粉，小琼看见了，走过来跟我说："你都算吃得辣啊！回香港以后来我的餐厅吃饭。"就是这样，我和"四川菜大平伙"的情缘就开始了。

"大平伙"是几年前香港一股私房菜热潮的先锋。如今热潮已退，但大平伙依旧坚壮，晚晚门庭若市。在那里，吃的不单是正宗川菜口味及精巧细致厨艺，而是在外边馆子吃饭难得一见的一种学术性的坚持。就算你不懂川菜，对什么鱼香家常麻辣怪味红油等等一大堆的复合味型都一概不知不晓也绝不打紧，在吃完一顿由王先生王太太精心设计的12道川菜示范宴之后，保证你的舌头已经跟川味交上朋友，你的脑筋也会对什么是四川菜和为什么她是我们中国菜的骄傲，有一个非常简洁精准的初步印象。我对大平伙的尊敬，是我对自己国家的饮食文化拥有自豪感的证明。有一次去访问皮埃尔·加涅尔(Pierre Gagnaire)，问完他问题之后，他反问我香港有什么地方值得去吃一下。我想了五秒，就从手机的通讯录中找出大平伙的电话，交给了他。之后，我心里多么感谢王小琼，没有她，我真的不知道可以向法国一级厨人推荐些什么。

图 7-2

印度会　　九龙佐敦加士居道24号地下
电话：852　23889991

四川菜大平伙　　中环荷李活道49号鸿丰商业中心地下低层
电话：852　25591317

四季不分食火锅

我们的都市生活常有跟时令季节闹别扭的时候。我有很多朋友最爱在夏天晚上淋过澡后，把睡房冷气扭到hi cool，把室内微气候调节至港式16℃严冬，然后大棉被盖过头，暖呼呼地睡个死去活来。这种“冬眠瘾”老实说十几年前我也有过，今时今日差不多连冷气都戒掉了，唯独是有一种跟大自然规律倒行逆施的瘾却无论如何戒不绝。

四 季 不 分

其实何止戒不绝，简直就是不能自拔，一天到晚心痒痒，牵肠挂肚的竟然是那一个锅。外省人叫它火锅、涮锅，广府人叫边炉，鬼佬叫hot pot或者steamboat，日本仔叫锅物nabemono，韩国人就叫jjigae——不要来考我，两个j字拼在一起完全不知如何发音。

这个边炉好端端的原本就是冬令食法：北风凛冽三山五岳齐齐围炉，不分青红皂白珍禽异兽全部就地正法；又或者上馆子去，煞有介事地摊出十数种刁钻古怪的酱料，名贵食材卫生公筷专人代涮，天花板还优雅地垂下不锈钢强力抽油烟机，生怕那股打边炉的膻味玷污了各位高级人身上的皮裘毛绒。这些本应都是对寒冷天气的一种适应，一种歌颂季节变更的饮食玩意。

直到有一年，也完全记不起是哪一年了，忽然之间出现了一种名为“四季火锅”的东西。从前还是清一色用炭火的年代，边炉档在 off season 的时候后会另觅出路，不会逆天而行，因为就算强行开档，哪里会有人三十几度高温下还要去对着这坛熊熊烈火来活受罪？但自从有了四季火锅，大热天时开猛冷气打边炉顿成新奇得意好玩甚至时髦的活动。我想当时一定有一大群炭炉死硬派对此嗤之以鼻，认为这个“新屎坑”一定香不过三日，开冷气打边炉很快就会没落，因为用瓦斯炉的风味始终都不及用传统炭炉。

且又不要为拗气而拗气，我也是钟爱炭炉的，但世事往往就是如此。今天，除了用太多冷气因而极度不环保这个最大坏处之外，我实在已经全心全意地爱死开冷气打边炉这种新文明了。

元 香 缘

几年前到台北探病，友人托我到元香沙茶火锅店买些东西带回香港。朋友是老饕一名，如此大费周张必定有窍妙之处。我当然已预先订了台。事前没想过“元香”会是一家这样簇新清雅的店，原来几十年的老店年前曾经关门大修，重开之后就是现在这个摩登的样子。

后来因为探病有时限，眼看赶不及原先预订了的时间，于是又打电话到元香想改为晚上九点钟。接电话的女子略带支吾，难为地说可不可以早点到，我答应尽快。结果八时三刻赶到，店内却空无一客。原来铺子夏天比较清闲，本来是要九时前关门的，因为知道是香港来的客人，特地为我们晚一点才打烊。台北果然还是有这种老式人情味，令人既感动但又很不好意思。假如是在香港，真的休想得到这般厚待。

既然已经欠人家一个延迟收铺的大人情，我和两位同行友人都只敢乖乖地求教于老板及伙计，由他们全权为我们点菜。元香的名片上写着：正宗广东汕头沙茶火锅，令人可恨的是自称为什么亚洲国际之都的香港，位处广东，却连这种富地方色彩的优良传统食店也容不下一间半间，只懂不断复制闷蛋商场和无味餐厅，还说什么 world city 个屁！简直令人气愤。

图 8-1

不管正宗不正宗，这个沙茶火锅的确好吃。虽然主角沙茶酱听起来好像有点腻胃，实际上是清爽得紧要。老板教我们在沙茶酱中加鲜鸡蛋黄、白醋、香菜、葱花、蒜泥及椒丝混一混，本来深褐色的酱马上变成油亮的橘子色，还带着微微的甜香，加上汤头丝毫没有半点稠浊的假味，食用时舌头都没有给重味压住的感觉，很舒适很放松，跟香港部分火锅馆子好像抢着卖弄的味感很不同，是一种文化差异上的不同。

难得火锅的用料在临上锅前依然非常新鲜，值得一提的有这两款：一是水发鱿鱼，看起来跟香港的没有两样，但质感比较踏实，味道更是十倍的浓重真挚；还有我们有幸吃得到名叫“三角边”的台湾黄牛大腿近臀部的肉，殷红一片的，上方有一带厚厚的黄油膏。它的质地未必够软柔适口，但肉味风味皆出色，加上罕有这个因素，容易令人对它酌量加分。

从非典到芝士

2003 年因为非典，有许多餐厅挨不住要倒闭，当中有些是很富有历史和风味的宝藏，有些是我最喜爱和从小吃到大的好地方，现在都没有了。侥幸留下的有部分是属于大酒店的餐厅，因为有集团的营运收入来平衡和支持，才可以度过难关，把美味和风格好好保存下来。半岛酒店就是其中之一。

要写“半岛”，当然是冒着叨别人的光来往自己脸上贴金的嫌疑去写。但我实在很希望写，所以也管不了那么多就去敲半岛的大门。门虽然大，但迎上的都是温柔而有自信的脸，细问之下，最迟加入的都已经在此工作了七年十年，还有二十年的侍应、三十年的 captain、五十年的清洁，一起照顾着上百年的老大楼。我从来相信只要地方好，就能把人留住，把时光也留住。

相比半岛金碧辉煌的外貌，42 年历史的 Chesa（瑞樵阁）来得十分韬光养晦。瑞樵阁静静地隐藏在酒店一楼东面走廊，一个急步又或者不够眼尖都很容易擦门而过。如此低调的门面，就可知这是一家做常客生意的餐厅，而酒店餐厅能留常客，表示水准一定高，一定有风味，而不只是一般如工场制造的鸡肋式恹闷酒店膳食。

图 8-2

瑞樵阁是传统瑞士餐厅。写瑞士菜，当然是因为瑞士火锅 fondue。在世界饮食地图上，瑞士火锅的声名可能比中国火锅要大要嗓要多人知。这个声名的大小当然与其优劣好坏完全无关，而名次排序也和西方文化主导世界有关。不过对于边炉精如我，最重要的还是吃，所以这间温馨小餐厅其实是我的一级秘密心头好。

这次造访一口气吃了三个不同的瑞士火锅：有传统的芝士火锅、用菜油来煮的牛肉火锅和人见人爱的朱古力火锅。尚算“潮物”的朱古力火锅相信无人不识，所以还是多写写其他两种：传统芝士火锅是由几种不同的芝士加上酸度较高的白酒煮成，可以用过了夜的面包或小马铃薯蘸着吃。所以，吃的其实是芝士，面包和马铃薯都只是衬托的主食。副行政总厨忠哥介绍，瑞士菜其实是一种很节俭的烹饪方法，很多菜式都是在不浪费食材的大前提下发明出来的。例如瑞士盛产芝士，所以瑞士人便想出用火锅来消耗剩下来吃不完的芝士，而过了夜的面包因为比较硬，适合用来蘸着在锅里溶掉的芝士吃，这样一来面包和芝士不但没有浪费掉，反而成为不朽的美食典范，真是善有善报。

菜油煮的牛肉火锅，瑞士人有时叫它做 fondue Chinoise，即是中式火锅，因为吃的是放进菜油（也有用清汤的）里的牛肉，而不是要吃沾在肉上的油，跟中式的食法相若。这个用油的版本其实叫 beef fondue 或者 fondue bourguignonne，很微妙地把牛肉半炸半泡到你喜欢的生熟程度，然后蘸各种不同味道的酱汁，再伴着腌菜一起吃。腌菜的酸味可以帮助减去油腻感，加上有多种不同的酱汁，基本上每一口牛肉都可以有不同的味道，千变万化，好玩得很！

后 记

其实我最怀念的火锅店有两间，一间是上环皇后街的地踎铺，因为这是爸爸当年特地带着我和弟弟山长水远去学习食的一个难忘经历；另一间是在尖沙嘴金巴利道介乎加拿分道和天文台道一段，东行刚要转弯之前在左边一间上楼的卖京菜之类的老店，每逢时令就有供应东北酸菜猪肉火锅。可惜现在两间店都没有了，更可惜的是失忆的我竟然把店名也忘掉了，真惭愧。请问有人可以告诉我这两家店的名字吗？谢谢！

元香沙茶火锅店　　台北市大安区信义路三段 35 号
电话：886 2 275422882

Chesa　　九龙尖沙嘴梳士巴利道 22 号半岛酒店 28 楼
电话：852 23153169

五谷之味

一日之计在于晨

我知道很多人不吃早餐。很多人都觉得吃早餐是一件浪费时间的事情，宁可赖床假寐多一刻钟，也不愿意早起一点来用一顿早饭。小时候的我就是这副脾性，老是爱夜里为了些无关痛痒的事,很晚也不舍得去睡觉。早上起床的时候，为了争取睡多一点点的时间，别说早餐，连刷牙洗脸上厕所也差点想要省掉，有时候遇上体育课的日子，还会把明天上学要穿的运动服，预先穿在睡衣里边，务求早上能用最少的时间准备,就可以马上起行上学去。

这种坏习惯一直延续到最初出来上班的日子。那时候离家独立了，就更变本加厉，每天早上上班时总是赶忙得要命，只有“准时”回到公司，没有一分钟多余的时间，可以用来吃一点点什么早餐。不吃早餐的坏处，在你还年轻的时候是不容易察觉到的，但坏的影响也许会层层累积起来，到一定时间你就会开始发现，身体的毛病慢慢地浮现出来。这些毛病可能跟你长年累月以来，睡醒之后没有足够的营养补充，身体长期透支，失去了平衡而引发起的也说不定。

纵使明明知道不吃早餐的害处，但人就是这样，许多时候偏要做些对自己不好的事。结果，“为了身体好”这个原因，还不及“贪靓”来得够力，一知道不吃早餐会致肥，就立即修心养性，乖乖地开始培养吃早饭的习惯。其实如果早知道吃早饭是会让人变瘦的，那么老早就应该好好地去吃。浪费了二十几年每天一餐，加起来数目十分惊人，而且有些食品传统上是只会在早上吃的，从前因为贪睡而错过了的一切，现在都要大报复式来拼命补偿一下。

我自问在食方面算是异常开放的人，例如我从来都不太介意在早上吃一些一般人认为不寻常的食品。我小时候有一段日子，每逢冬天，爸爸都会做早饭。这个“早饭”不单是指“早餐”，而是如假包换的一顿饭。这顿早饭通常都包括一款下饭菜，例如炸菜蒸牛肉饼，然后伴一碗热腾腾的白米饭。有时索性就下饭菜连白饭一大碗，有点像北方人吃盖浇饭一样。小时候这款爸爸的特制冬令早饭，其实我是蛮喜欢的，也比较平常吃的热鲜奶加蛋要吸引许多，令我愿意快乐地早一点起床来吃个饱。但回到学校告诉同学，说我的幸福早餐是炸菜蒸牛肉饼盖浇饭，同学们不但不羡慕，还大多都表示听起来感觉挺怪异，兼且不能接受早上吃白饭云云，听了不禁令我心里头纳闷。

从那时候开始我就意识到，绝大部分人，对早上起来吃些什么原来是尤其挑剔的。譬如说晚餐，相信大部分人都可以接受许多不同的食物及吃法。在大城市生活的人，就更加习惯每天晚上选择不同国家地区的美食来大快朵颐，反而如果要天天夜夜都吃着一样的食物，他们会大叫吃不消。但偏偏是早饭，就有完全不同的一套标准。我想很少人会习惯每天早上吃不同国家地区的特色早餐吧，不吃的原因可能是因为赶时间，但我相信是不能接受奇特的早餐食物居多。我想就算在你办公室隔壁，有最正宗又刺激的北印度式早餐，或富异国风情的新疆式穆斯林早餐，我愿意打赌你还是会多走几条街，吃千篇一律、年年月月重复又重复的火腿煎双蛋油多热奶茶吧。

豆浆、油条、烧饼

翻一下资料，才知道原来世界上不同地方的早餐，可以包罗如此多种不同的类型和特色。不过，其实我某程度上也同意，早餐还是一种不用太多变化、太花巧的家常菜。早餐的作用是供给我们营养，令我们在一夜睡眠过后，能量得以补充，因此从实用性的角度来看，早餐其实是一天里面最重要的一餐。

这“一天里面最重要的一餐”当然还是丰俭由人的。你要吃鱼翅捞饭或龙虾做早餐，不但道理上没有违背一早起床摄取营养的原则，其实还颇为符合人体的规律，因为若果把一天里面最肥浓最难消化的，全都在早上吃，身体反而有足够的时间来转化和吸收这些食物；反之若按照常例，把所有最丰盛的，都留在晚饭时候吃的话，就会给肠胃加添负荷，换来一夜不得好眠。所以西方人流行一种说法：“Eat breakfast like a king, lunch like a prince and dinner like a pauper”，说的其实就是这个道理。

事实上帝王也不能天天珍馐百味，所以传统的中式早餐还是十分黎民式的。中国幅员辽阔，早餐的类型当然千姿百态。就拿我最喜爱的豆浆、油条来说吧，封它为中式早点的其中一个经典，相信大部分中国人都会表示赞同。豆浆在香港多的是，但好喝的几乎是零，连专造豆品的几家老店儿，今天也会厚颜无耻地卖加了水的，甚至煮糊了底、带烧焦味的劣豆浆。最令人叹息的，是光顾的人完全接受，还以为豆浆原本的味道就是这样，因为大部分香港人根本从来没有喝过一口好豆浆。

油条的情况也一样，从前在路边俯拾皆是的小摊档即场现做的，加入了南乳而带咸酥香的鲜炸面，今天已完全绝迹。过去十多二十年，在香港都没有吃过一条接近原貌，或者最低限度是新鲜、用心做的油条。

所以每逢有机会到台湾，我都一定会去吃吃豆浆、油条、烧饼这种怀古的早餐。台湾人还是比较浪漫的，懂得去追求生活细节上的情感寄托，因此在台湾，你很难会喝到香港那些所谓豆浆的烧焦白胶浆水。那里的豆浆真正是一种“奶”，微微浓稠的，蕴含成熟黄豆的清雅淡香，丝一般顺滑得叫你联想起牛奶，但完全没有牛奶的油臊感，多喝了也不会觉得腻。淡的甜的都好喝，加酱油、白醋和虾皮、葱花、炸菜末等作料而成的咸豆浆，更是我个人最钟情的早餐食品。

在台北善导寺附近的一个菜市场里，有一家叫“阜杭”的早餐店，是我去台北时大多数会光顾的食店。那儿的豆浆固然优秀，更难得的是他们的烧饼，还是用古法的炭烤炉，把面团一个一个地往里边炉壁去贴，不消一刻，厚的薄的烧饼新鲜出炉，随你喜欢夹油条、煎鸡蛋、辣酱等等，真是新鲜得没有可能再新鲜了。来这里吃早饭，肯定令人肚腹高兴，不过好东西是要付出代价——要排队才能够买得到，赶时间的就恐怕没有这种口福了。

图 1-1

可颂、果酱、欧蕾

我常常想，中国的豆浆、油条，在型格上跟法式的café au lait配croissant完全是同一原理，当中最神似的地方，就是豆浆跟café au lait（咖啡欧蕾）一样，在早餐时候都是用碗而不用杯来喝的。Croissant的做法当然跟油条有很大分别，一样是烘焙的而另一样是油炸的，但在其效果与气氛上都不乏相近之处。至于咖啡欧蕾与豆浆，欧蕾因为有咖啡的香气作导引，整杯饮品的层次无疑是比清简的豆浆来得鲜明一点，但两者跟其面包或油器主食的鸳鸯配搭，实在是同样绝妙。

Croissant，台湾音译作"可颂"，我比较喜欢香港的叫法"牛角包"，贪它叫得活灵活现，兼带点儿淘气。在香港要找一个像样的牛角包，从前是有点天方夜谈，自从Joel Robuchon在中环置地广场开了 L'Atelier 及相邻的茶室Le Salon de Thé，我们终于有机会吃到一个正统的牛角包。一个正统的croissant要烘得近乎褐色，却绝对不能烧焦了外皮，这个火候是不容易掌握得好的。香港许多面包店做的，都是火力不对，只烘到所谓的表面金黄色，牛角包里面层层松开的面皮其实还没有烘好，吃的时候就没有了层层酥脆干身、一咬即散，只吃到牛油的香味而没有牛油的肥腻的应有效果。L'Atelier及Le Salon de Thé卖的croissant就完全能够做到上述效果,合上眼尝一口,几乎让你感觉到一丝丝巴黎的气息正在蔓延。

拥有全港最佳croissant的威名的L'Atelier de Joel Robuchon,心想他们的早餐应该很了不起了吧。有天专程去试一下,看餐牌,价钱还可以,侍应的服务更是无可挑剔,可是食物的水准却真的叫人吃惊。我点了标榜用法国鸡蛋做的L'Omelette au choix(自选煎蛋卷,我选了香草)和L'Avocat-crabe en feuille chinoise(牛油果蟹肉千层春卷),奄列完全没有蛋味兼且过熟,好像在吃微波食品一样;而那个包着crab-avocado(牛油果蟹肉馅饼)的疑似Phyllo pastry(中东式薄面皮),端上来的时候竟然还未完全烘熟。全个早餐只有咖啡、牛角包和果酱是美味的。

图1-2

可能我也不应去发L' Atelier de Joel Robuchon的牢骚,皆因法国人传统上不重视早餐,把早餐叫做"petit déjeuner"(小午餐)。因此,牛角包和咖啡做得对就已经足够,因为法国人早餐都只会吃这些。其他的花巧点心,只不过是为了迎合不知就里的豪客们,硬要到法国餐厅来吃不是法国式早餐而设的行货,吃得不满意吗?都只好怪你对高贵的法国餐认识得不够深入罢了。

阜杭豆浆店	台北市忠孝东路一段108号华山市场2楼 电话：(早上) 886 02 23922175 (午后) 886 02 25218057
L'Atelier de Joel Robuchon	中环德辅道中12-16号置地广场4楼401号 电话：852 21669000

大油无私

开门七件事，对于我来说并不是每一件都是熟悉的事。譬如“柴”，就只听过嬷嬷和爸爸描述用柴火来烧饭的苦与乐，自己却连柴也未曾碰过。其实别说是柴，就算是比柴火摩登一点的火水炉，我也未曾有机会用过。我相信对于比我迟了一两个十年出生的幸福新生代，就更加无法想象没有电饭煲或瓦斯炉等这些现代人觉得理所当然的厨具，而用柴火、“瓦罉”来煮一碗白饭的岁月。

时代之轮不断在无情地推进，这是谁也无法改变的事实。我们的饮食文化，随着社会经济模式在过去数十年间急剧转化，加上当权者在政策上每每偏袒大型企业，以及我们对外来的速食和广告文化盲目地追捧及依赖，令许多传统的民间美味逐渐失传，使我们的每日用粮越来越失色失味，越来越远离我们的生活之源。赶急离弃自身的传统文化，表面上是某程度的改革，但付出的代价其实很深远。我们身体的基因记忆，有着历代祖宗留给我们的一套完整的饮食文化，建立自我们千年来吃惯了的各种食材。现代人在短短的十数年间把这套系统完全颠覆，首当其冲的还是我们自己的这副皮囊。

所以，什么才是真正健康的食品呢？这是一个十分富争议性的话题。

咆哮脂肪

美国的营养学和医学界，长久以来都有一个迷思，叫做“法国矛盾”(French Paradox)。迷思来自法国人的饮食习惯中所吃的牛油猪油的分量，又或者是南洋诸国所食用的椰子油和棕榈油，都大概是美国人所食用的两到三倍。可是，这些西方医学认为至肥至毒的饱和脂肪，好像对法国人和南洋人特别眷顾、手下留情，他们吃一辈子的猪油椰油，都好像没有对他们的健康构成很大的威胁。反观美国人，因为深信饱和脂肪的毒害，纷纷改吃马芝莲(margarine)，或者粟米油、豆油等等标榜饱和脂肪含量低的“健康食油”，结果还是惹来一大堆心脏血管毛病，及一切其他和肥胖有关的恶疾。

难道这是上天特别眷顾思想开放自由的法国人，和赤诚善良的南洋人，而惩戒骄傲自大的美国人的结果？（你休想！）就科研的角度而言，粟米油、豆油、菜籽油等等，因为原料都不是天然含油量高的物质（如花生、橄榄、芝麻等都是高含油量之物），因此在制油的过程中，必须先晒干，再用化学溶剂（通常是已烷或汽油）浸泡，才能将油分提取出来。至于马芝莲，因为要令到不是牛油的东西看起来和吃起来跟牛油一样，当中的化学处理过程就更不足为外人道。单单是这些事实，就足够教人对零胆固醇含量，但经过化学方法处理的健康食油“另眼相看”了。

所以，我还是钟情于古老的、传统的食用油品种，如煮西菜大多用美丽的橄榄油或丰腴的牛油，中菜就用老朋友花生油和芝麻油好了。这些都是我们吃了千年以上的食用油，身体的基因早已跟它们交手过无数次，应该不至于一时之间招架不住。

无名英雄

那么猪油呢？这位老朋友近年好像变成逃犯一样，闪闪缩缩的到处躲避，不敢以真面目见人。其实它好像没犯什么过错，有的都可能是我们对它的误解和偏见吧。猪油，又称“荤油”或“大油”，曾几何时是价廉物美的大众食油。从前的人，生活不像我们现代人的无所不用其极，物质也没有今天的富饶丰裕。那时候，鸡是只会在过时过节才吃的，牛肉猪肉也不是等闲的家常便饭可以随便用上的高档食材。平时一家人吃的，都是一尾鱼或一两碟时令瓜菜，加上主食的米饭，便已是踏踏实实的一餐。至于上馆子，就更加是奢华的举动，一般人若不是因为有特殊原因，是不会轻易上酒家吃饭的。

如此简单俭朴而又定时定量的饮食，所含的肉食油脂比我们今天的饮食要少许多许多。这样的话，猪油就成为了一种很合理的食用油了。它既便宜，只要去肉台讨一两把肥膘回家，就可以自己轻易炸出猪油。炸完了剩下的“猪油渣”，还可以用来下饭做菜。猪油在常温下会凝固成白色的不透明固体状，其稳定性较高，不但易于保存，而且耐热性也很好，不容易在火红的热锅中烧焦，非常适合高温快速烹调的中国菜用做煮食用油。它所含的月桂酸（Lauric Acid）可以抗菌、抗病毒、提升免疫力，这是其他不含月桂酸的液态植物油所没有的。当然，它也有坏处，如所含的花生四烯酸（Arachidonic Acid）会促使身体发炎，饱和脂肪含量也对心脏和血管造成压力，但这些坏处都可以在平常的饮食中，靠着多吃蔬果和粗粮来抵消。

上面所说的，都是理性的分析。但“食”这个课题，其实感性的层面更为重要。从这层面上说来，猪油所引发的美味，是其他食油无可替代的。就如法国人会用鹅油来炒菜一样，中国菜中许多蔬菜为主的菜式，都靠猪油的清香来带出蔬菜的上味，和平衡吃蔬菜时淡寡的味感。猪油是无私的，它自身的性格不算太强，但却有能力带出大部分“瘦物”诸如冬菇、茄子、豆苗等的天然美味，和润泽它们的纤维。如果你吃过淋了数滴猪油的白灼菜心或韭菜花，你就会明白个中的奥妙，明白猪油画龙点睛的神奇效用了。还有无数传统饼食甜点，无不需要靠猪油来制作，像要靠它来和莲蓉豆沙、靠它来起酥、靠它来煎烙烘焙，猪油实在是巍巍中华美食天下的无名英雄。

知 足 常 乐

如此大公无私的猪油，合该有一两味以它为主角的菜式，我立即就想起“猪油捞饭”。

猪油捞饭是从前很普遍的一种穷人美食，是一种能够令到热腾腾的白米饭变得无上美味的聪明吃法。那时候物资远不及现在的充裕和普遍，一碗雪白晶莹的丝苗白饭实在已是食神的眷顾。为了避免糟蹋了它，人们便想到加点便宜的猪油和酱油，拌均刚煮好的饭粒，豪华一点可以再加一只生鸡

图 2-1

蛋，然后热呼呼地一口一口吃下去。这样的吃法，完全不会因为没有丰盛的菜肴为伴，而感觉到丝毫的遗憾。一碗饭就这样快乐地吃完，还觉得意犹未尽，大可以再来一碗、两碗……

猪油捞饭并不是香港独有的，我知道起码台湾在从前艰难的岁月，也有过这种穷人美食，虽然现在都已经销声匿迹。后来大量迁入的福建人，也把驰名的“福州干拌面”引入了宝岛，慢慢植根而成为了地道小吃。福州干拌面和猪油捞饭一样，都是以猪油为主角，拌以主食。干拌面除了拌猪油，还有拌酱油、花生酱、虾油等等的版本。我在台湾吃的，都是以调过味的猪油来拌白面条的，其做法是面条在大开水中烫过后，把面汤倒掉，置入预先在碗底放了油汁的大碗中，拌匀一下，撒上葱花香芹，吃的时候再依个人口味，放数滴乌醋红油，再伴以一碗福州鱼丸汤，它虽不是人间极品，但细嚼之下，就不难体会得到先人前辈们节俭知足的生活态度。这种态度，可能就是我们面对现今地球危机时，与天地自然重修旧好的钥匙。

后 记

猪油也有名牌，在意大利托斯卡纳（Tuscany）的阿普安阿尔卑斯(Apuan Alps)山区有一个小小的古城镇，叫Colonnata。这小镇除了出产优质白云石外，还有一样令这地方举世闻名的食品：Lardo di Colonnata(把猪肥肉和各式香料交叠放置在大理石缸中，放置一年后取出切薄片食用，甘芳肥美)。它被誉为世界上最出色的猪油产品，制作方法有几个世纪的历史，是宝贵的人文遗产。

中原福州干面　　台北市延平南路164号
电话：886 02 23322326

大荣华酒楼　　元朗安宁路2-6号2楼
电话：852 24769888

一口安乐饭

不知道世界上有没有其他地方的人，会好像我们中国人一样，把“国”与“家”这两个概念如此联系起来。我们从小就学会“国家”这个词语，懂得它的意思，知道它就如英文“nation”的解释一样。

其实，“国家”这两个字合起来，解作一个拥有人民土地及政治主权的实体，这词可能源自春秋战国时期，称诸侯的封地为之“国”，而大夫的食邑为之“家”的说法。当时，“国”和“家”都是指“领土”的意思，只是领土主人的身份地位有别而已。不过，这毕竟是两千多年前的说法，今天我们说“家”就是“家”，大部分人都会认同它是指“家庭”，是“family”或者“household”的意思。

我们从小就会不自觉地把“家”和“国”混为一谈。“国”是遥不可及的任重道远，似乎不是我们一般平民以一己之力能操心得来的。“家”就不同了，它与“国”的地位相等，而且是我们一手建立起来的一点私人成就。如此，大家也就一致认同“家”是“国”的building blocks，这个概念抚平了天下间千千万万平凡眷属的自卑感，令他们昂首宣示自己所建立的“家”是何等重要，也令“持家者”手中的鸡毛仿如令箭。要有这样盲目的众志成城，才足以成就“激流三步曲”、《雷雨》等这些舞台上小说中的家庭大悲剧，和更多现实生活里教人心中淌血的真人真事。

似乎说得太远了……其实“家”也是许多人的最佳避难所和最后防线。香港的家庭（在贫穷线上的）都应该算是幸福的吧。这里当然不能与先进国家相比较，但肯定比上不足，比下绰绰有余。跟我差不多年纪的，应该经历过所谓香港的黄金时期。从前一家人高高兴兴地吃一顿老妈的捻手家乡菜，过节时家里总有些特色的时令食品，社会的怨气和分化远不及现在的严重，家庭的凝聚力要强得多，节日气氛也来得比较真挚感人。当然，最重要的，是人也比现在抒怀得多、有志气得多。

相对于从前，我们今天的选择无疑是多了，连看电视都有比从前多十数倍的频道。奇怪的是，选择多了但质素和情趣却反而倒退，比如说，端午节时，想吃一只传统的、不卖弄花巧的、踏踏实实没有鲍鱼或燕窝这些妖娆材料的裹蒸粽，结果却总是遍寻不获。

粽的感伤

粽子是家庭式的传统食品，相信每一个中国人都知道它的由来，是跟战国末期楚国诗人屈原投江自尽的故事有关。端午节吃粽子是理所当然的事，只是现在想要找一只半只像样的粽子，却十分困难。今天差不多每间大小酒楼饼店都有卖粽子，但越来越多是标奇立异的货色，不但馅料古灵精怪，有些连米都花巧得要命。就算是规规矩矩的，也为了贩售上的方便而用真空包装，再加防腐剂。这些看上去绿油油的，不用放冰箱也能长期保鲜的“木乃伊”，试问你敢吃不敢吃？

本来，香港传统的老派粥店是全年都有粽子供应的，但随着老屋村和旧社区不停被残暴地剥皮拆骨，加上全港铺租时而以几何级数上升，令到这些地区小店日趋式微。从前有一家我很爱的老粥店，在长沙湾苏屋邨兴华街口，是我妈妈还在念书时候已经有的铺子，很地道的香港风味，猪血粥和肠粉都做得朴实无华，可惜几年前也因为市建局拆楼而关门了。

从前上酒楼饮茶，点心车上常常会有枧水粽卖，忠实爱好者闻风立即欣喜若狂，一定会要一两只来满足口福。剥开粽叶，田黄石一般油光晶亮的糯米，浇上金黄色的糖浆，蜜一般的浓甜包裹着因带有枧水味而微微呛鼻的糯米，是一种很有性格、味道很戏剧性的甜食。今天当然没有了，连近来掀起的一股怀旧菜热潮也没有把它带回我们的餐桌上，真有点可惜。

一只粽一顿饭

外头店家做的现卖粽子，不是消失了就是变质了。现在若果要吃好的粽子，还是吃家里自己做的最稳妥，既安全、又有风味，还附送家庭温暖，简直就是中国人的“comfort food”（安乐饭）。而且它还有别于一般节日食品：一只粽子其实就是一顿饭，不是吃着玩玩的零嘴，而是可以让你踏实地吃饱的好东西。

我吃过最神乎其技的粽子，是同事蔡德才的妈妈做的潮式粽子。有一年端午节，忽然间蔡德才从家里带回来一大袋粽子，说是他妈妈做给大家过节的。虽然一直有传闻说蔡妈妈的厨艺甚为了得，但我想当时大家对这些粽子都没抱着应有的期望和心理准备。不消几天，消息就快速在同事间传开了：那只小小的粽子简直就是天上有地下无的美味，人人都吃得如痴如醉。从此，我们每年端午前，都会悄悄地不停查看公司的冰箱，看看蔡妈妈的粽子来了没有。

某年等不及端午，就约好了蔡妈妈，跟她学习包潮州粽子。蔡妈妈说她的绝技是小时候看着家中长辈包粽子，从中偷师学来的。蔡妈妈包的粽子最奇妙的地方，就是它咸甜兼备，是只双拼粽子。说是咸甜兼备，它的馅料其实倒没什么离经叛道之处，只是在平常的五花肉、冬菇、瑶柱（或可用更传统的虾米)、咸蛋黄和栗子以外，加了一小撮用猪网油包裹着的豆沙。我知道就这样听起来，味道好像很骇人。但请相信我，做出来的效果，是一种很微妙的平衡，咸的甜的都在加了五香粉的糯米中和谐共存、互相辉映，变出一种令人难忘的、古朴而深邃的味道。

上海“嘉”粽

若果家里没有人包粽子，又没有亲戚朋友的妈妈肯代劳的话，还是可以到店里去买，只不过要选好的、老实的店就是了。我妈妈的上海渊源,令我自幼就有机会吃到上海粽子。上海粽子的形状比广东粽子要长，身子也窈窕些。咸的上海粽子，糯米是用酱油腌过的，吃的时候什么都不用加，就有咸鲜的味道。甜的有豆沙馅，也是预早放了足够的糖在豆沙中，剥开粽叶就这样吃。

可能是自小就常常吃的关系，教我最窝心的始终还是上海粽子。当中我最爱的款式，就是简单朴拙的鲜肉粽子，它的材料只有糯米、鲜五花肉和肥膘，酱油调味调色，用大竹叶包裹起来，数百只一起同放在沸水中煮数个小时，让竹叶的香渗透到糯米之中，五花肉中的鲜味也和米的清香融合，同时那肥膘肉慢慢地溶化，令粽子变得绵软香滑。如此平凡的材料，经过祖先们的聪明调配，创造了经典的民间美味，滋养着一代又一代的人。

一如所有传统食品一样，一只好的上海鲜肉粽子，今天实在是难求。我唯一知道的一家,在石硖尾南山村叫“嘉湖”，有半世纪以上的历史。他们的嘉湖粽子大名鼎鼎，每年端午节的订单多得如雪片般飞下。我只吃过他们的粽子，从来没有到过他们的店。那天正值他们赶制今年第一批订单的大日子，于是约好了到店里去参观一下。店门外的大招牌，淡碧玉色的云石纹底板上，只有红色的两只大字“嘉湖”，就此而矣，不用解释不用吹嘘。这样的门面，一看就知店家必定是高人。不算宽大的店子里，还保留着三十多年前雅致的花纹地砖。平日最有名的是炸排骨，一到农历四月，就闭店一段时间，全力包粽子。当日所见，店内到处放满了各式腌好的馅料，一扎扎巨形竹叶，一捆捆咸水草，和几大盘用酱油腌过的褐色糯米，好不壮观。

图 3-1

细问之下，店里忙着包粽子的原来是一家人，都是区先生区小姐区太太。包粽子的技术由老妈妈继往开来，家里的人一起传承下来。一店子都是自己人，活泼精神地一起埋头包粽子，当中大不乏打诨说笑的时光。大家边包着粽子，边哄然大笑，言语间，每个人其实都流露出一份对自己的手艺和出品的热爱和自豪。粽子好像是他们的孩子一样珍贵，每一只制成的粽子，都盛载着他们对传统食品的爱惜，和他们认真对待自己手艺的赤诚。只有这样的店家，才能令一只平凡的粽子变得有生命，令吃的人享受美味之余，还可以感受到背后一点一滴的努力和诚意。

嘉湖

石硖尾南山村南丰楼 104 号地下

电话：852 27791153

飘移中国面

广府人说不喜欢正经吃米饭而多吃粉面的，是爱吃“杂粮”的一群。不知怎的，“杂粮”这说法我总觉得有贬抑之义。我自幼在香港长大，身边所有人都是以米饭为主食的。一碗白米饭除了是每日用粮，也具有文化和习俗上的种种象征意义，看似卑微但其实地位崇高。害人家失业是“打烂人哋饭碗”（摔破别人吃饭的碗）；在贫弱者找好处是“乞儿兜拿饭食”（在乞丐讨饭用的钵盂中抢的）；貌丑被说成“捞饭猫唔吔”（丑得就算拿他的肉去拌米饭给猫咪，猫咪也没兴趣），都说得生动。小时候常常听到有一种说法，就是只有我们南方沿海的人才会每天都以米饭做主食，外省人都不吃米饭而是以面食为主的，话语间隐约有着文化差距上的“南辕北辙”所衍生的对立性。直到近年有机会到内地工作，到广府人口中所谓的“外省人”家里，见到他们家常便饭还不是每人面前一碗白米饭，大家分着吃桌面上的几道小菜，形式跟香港人完全没有两样，也不见得他们是天天吃面吃饼吃饺子的。同一个民族不同地域就已经存有这种莫名其妙的误解，可想而知世人对非我族类所存有的偏见，是可以如何地不近事实人情。

面也好米饭也好，都是因着地理环境气候和经济等因素而发展出来的对策，是人类和自然经过磨合然后得出来的方案，对人对天都合情合理了这么多个世纪，应该是错不到哪里去的。中国是其中一个世界上最早就有中央集权式政治架构，在广阔的国土上实行资源分配的民族。所以各省各地的人，在政治经济文化风俗的层面上，自古就有许多交流，各地的饮食习惯也不停地互相影响。广府人也曾兴味盎然地借用了外省的馄饨和烧卖，改造成为自家的醒目小吃，并且发展成蜚声国际的中华美食。这成就不就是饮食文化南北和合的美果？所以不该因为大家日常吃的有所不同，或者方言、文化、习惯和观点不一样，而硬要划清那条你我他的无情界线。

我们中文常用“吃饭”来表示用膳的意思，这是铁一般的事实。虽然“饭”这个字原义不单是指稻米煮成的白米饭，但饭是米煮的这个概念已经深入民心。而中华民族以米饭为主这饮食文化，也影响了韩国、日本、南洋等地。不过，我们绝对不能忽略面食的地位。纵使因为年代久远而无法证实面的真正起源是在中国还是在中亚洲，中国人的确拥有一套极为完整和广博的吃面文化。

一 碗 面

多年前，考古人员在中国黄土高原发掘出一碗四千多年前的面条。那一碗在青海省民和县喇家遗址出土的古老面条，大概可以用来证实中国人是最先做这种细细长长的神奇食物的民族。不过出土的面条并不是用小麦，而是用小米和粟制成的。所以,用小麦研磨成细粉后再制作成面条这回事，有可能不是由中国人最先做的。然而，是谁最先做的都好，把面条发扬光大乃至影响了全世界各地饮食文化的，肯定就是中国面和意大利面，以及中国面的远房子孙日本面。

今天，中国的面条种类多若天上繁星：汤面、卤面、油拨面、捞面、刀削面、空心面、拉面、蛋面、伊面、碱水面等不胜枚举，烹调方法也林林总总，是我们共同拥有，而且有责任共同保育和爱护的文化遗产。爱护面条最好的方法，除了认识她品味她尊敬她和传承她，也应该以新的思维和真的诚意来延续她的生命。

几个月前，有友人带我到北角吃饭，步行到和富道，以为就要去帮衬米其林星誉的“阿鸿小吃”，怎料友人过门而不入，反而引领我到隔壁同样人头涌涌的小店，叫“一碗面”。这小店狭狭长长的，很踏实的装潢，以街坊小食店的格局，却做出了令人始料未及的创新食品。先来的一只卤蛋就已经尽显其功架：扑鼻的酒卤香，胎瓷一般莹润无垢的蛋白，教人无比兴奋。切开来橘红的蛋黄有如蜂蜜一样完美地溢流出来，混和了点点酒卤一口啖之，你就晓得这是只有全心全意爱烹饪的厨师，才能够煮出来的一种超然的美丽。卤蛋令人对这里的出品信心大增，接下来的面食就证明了努力和诚意是成功的最大原因。

一碗面跟提供原面条给他们的面厂，一起经过多次的试验，研发出一种用广东全蛋面式的面团揉成的宽条面。这个宽条广东全蛋面就是一碗面的卖点所在，也是客人要舟车劳顿远道而来这里吃面的原因。面是吃干拌的，看起来跟 pappardelle（意大利丝带宽条面）很接近，吃起来比意大利面更要有嚼劲儿，滑而爽，面宽且厚，但丝毫没有过硬而影响了咬感。最难得的是风味自成一格；你是知道你在吃做得很好的广东面的，但无论食味、口感、外观却又跟传统的十分不一样，似曾相识却又新颖刺激，只能叹一句 Bravo！

图 4-1

一 缕 烟

当意大利面斩钉截铁地否认与中国面的一切血缘关系，日本面就自然成为中国面最亲密的外嫁女儿了。日本人吃面的日子肯定没有中国人的长，东洋面食的种类也肯定没有神州大地的五光十色洋洋大观，但日本人吃面的文化习俗却可能比中国人丰富并且认真和严谨得多。这跟面条的质数关系少，跟人民的质数关系大吧。

众所周知，日本面是由中国传入，现在大家最熟悉最喜爱的日式面食一定非“ラーメン”(Ramen)莫属。单看这几个日文的假名，我相信崇东洋的港人大多已经知道写的是日式拉面。“ラーメン”这个日语说法，大家一般都认为是来自中文“拉面”的音译。不过日本拉面的制作方法，其实不太像中国的拉面，因为它不是靠徒手拉长揉好的面团而成面条的。“ラーメン”的做法反而接近广东面多一点，是在面团中加入碱水或盐水来增加韧度和风味，而且面条是从揉得很薄的面团叠起来，然后用刀切出来的。这有可能是因为“ラーメン”的前身，其实是上世纪初分别在神户和横滨中华街头流行的，一种由来自上海和广东的华侨所卖的汤面。虽说是来自中国传统的汤面，但日本人在过去一个世纪所投入去钻研及改革“ラーメン”的心力，已经使它升华至一个全新的境界，可以说是完全脱离了老祖宗中国面的形神，进化为自成一格，拥有自己的文化和历史的地道日本食品了。

纵使香港人从来都有奇妙的崇日心态，但以往要找一碗正正经经的日式拉面并非易事。甚至今天，你去随便问一个香港人什么是日式拉面，他可能只懂得答你“味千拉面”，再问他基本口味是什么，我敢说问一百人也没有五个人答得出来。无他，就算去问香港人广东云吞面的汤头主要是用什么材料制成的，他们也未必知道答案。对生活细节和文化传统如此蔑视的一个地方，我们也只能见怪不怪。所以当大半年前我在铜锣湾闲逛时，偶然看到“MIST”（现已改名Rasupermen）这家从东京而来的日式拉面店时，真是又惊喜又羞愧。惊喜的，是店主竟然不介意把如此认真严谨的面店，开设在这个人人只爱贪便宜，又反智地拒绝付出金钱来买诚意创意和尊重的城市；羞愧的是，我们有着四千年的面条文化，却无一家好像MIST创作面工房这样对面条制作付出真爱的好店。

“MIST”究竟如何严谨认真？这间1996年由森住康二先生创办，最初本店名为Chabuya的拉面店，后来于2006年再下一城，于表参道Hills开办MIST创作面工房，专注精品拉面创作，在东京名噪一时。森住先生事事全程投入，可以说得上是位承先启后的拉面艺术家。就说面条，也是经过他一番心血钻研，造访了全日本各地的农场，糅合北海道、信州和日本东北部出产的面粉，调配出完美的中筋面粉来制作而成的。从传统制面方法来说，中筋面粉并不好用来做面条，因此森住先生特别设计了自家的制面机来处理这个难题。用这种特别混合出来的面粉做的面条，细腻柔滑，并散发幽幽麦香，最适合用来配森住先生监制的各种清香汤底。MIST还会因应不同的汤头和口味，特别制作不同粗幼的面条来配合，单是这种心思设计就足够叫你佩服。

图4-2

MIST的拉面完全根据传统口味，分为盐、酱油和味噌，加上梅盐和辣味噌一共五种味道，而且还有季节性的特色限定味道，例如今个秋季就有柚子味的鸡肉丸拉面推出。虽说是传统口味，但当那一碗卖相精致优雅的MIST拉面送到你面前，你从第一口汤开始，就会发现这碗拉面与其他一般日式拉面的不同之处，也一定会深深被这种富层次感、值得仔细玩味的拉面文化所吸引，进入日本人的幸福境界。

一碗面	北角和富道93号银辉大厦地下 电话：852 25780092
Rasupermen	香港铜锣湾轩尼诗道500号希慎广场12楼1203号铺 电话 ： 852 28815006

面的红，面的黑

在香港土生土长的我，虽然原籍河北，但自小被香港的教育、香港的文化、乃至香港式的中国事与情所潜移默化。我同代人，说的是标准广府话，在港英政府的心计中成长，习惯十分暧昧地以半乔迁者的假旁观角度，来处理一切有关中国文化历史等的课题。这种被扭曲了的距离，这么近又那么远，令人在心底里对神州大地本能的敬爱之意，被压抑成无助的自卑或犬儒，是宝贵的成长期中一根拔不掉的、深藏在表皮之下的刺。

香港人骂人的狠劲，时常达到要“骂臭你祖宗十八代”的夸张程度。那我们的祖宗十八代，对于我们来说真是如此重要吗？不要说十八代，今时今日连两代也搞得一塌糊涂的大有人在。造成这种局面，百年的强制性洋化好像是理所当然的解释，但说到底还是自己人把持不住，不懂得也不用心去爱护自己的文化历史。因此今天落得如此田地，实在是咎由自取、与人无尤。

可能是一种懦弱的补偿心态所使然，令我对维护传统的这件事情，差不多以侠义的心态来进行。有时宁愿被人批评我矫枉过正，也要对不尊重传统的行为，表达出我个人的强烈不满。最常有的莫过于在饮食方面，像我会痛恨广东云吞由原来一口一只的精致美点，惨变成今天有若乒乓球一样大的怪物；虾饺亦不知从何时起变得只会用巨大虾只作招徕，而完全忽略原来加入的笋尖肥膘肉，精制多汁馅料的隽永食味。这些都只是冰山一角，香港人强奸自家和别人传统食品的例证，实在俯拾皆是，而且都是过去这十多二十年才盛行的歪风。

“面”红

只不过，there's a fine line between 创新 and 毁灭传统。即是说，若果在透彻了解传统的基础上作改良的话，有时候是会做出好东西来的。其实许多现在对我们来说是传统的事物，不就是前人创新的概念留下来的成果吗？

其实想说的是一碗炸酱面的故事。我这个香港仔，最初对炸酱面的印象，应该跟大部分香港人一样，是来自传统广东式云吞面店水牌上，它是其中一款堪称配角的面点。港式“炸酱面”的特点，是殷红的醋酱混和深橙色的浓油，当中包裹的是精工细切的梅头猪肉幼丝，分量不用多，因为炸酱本身的味道浓郁，甜酸衬咸辣，相得益彰。只需小小的一撮，放在传统广东式竹竿全蛋银丝细面上，就能拌出一碗效果犹胜 Spaghetti Bolognese（肉酱意大利面）、令人垂涎的“炸酱面”。

孩童时代，我所懂得的炸酱面就只有这款红红的、酸甜惹味的广东品种。偶尔听长辈们说起，有小黄瓜丝和豆芽菜拌白面条的正宗北方版本，对于幼年的我来说，就像是月球一样遥远的事物。反而这北方正宗版本的传闻，令我对广东式炸酱面的来源一直有错误的理解。

老式的广东云吞面店，十居其九都会把炸酱面写成“京都炸酱面”。最初当然以为这是和日本的京都有关，一定是什么日本菜的翻版。后来又曾经想过，会不会是借京都之名，来美化这碗小小的拌面？情况就如福建炒饭扬州锅面一样，只是在菜名前面胡乱加些地名，来为菜肴增添一点异乡风情，说穿了只是种促销的手段。

图 5-1

后来（其实是最近的事）偶然在报纸上读到一篇有关“京都汁”起源的文章，才真正知道为何会有“京都炸酱面”这款食品的出现。“京都炸酱面”跟“京都骨”和“京都锦卤云吞”一样，都是用了一种名为“京都汁”的酱料来制作的，所以才会在菜名的前面加上“京都”二字。

“京都汁”是一种橙红色，混有红油，味道带酸甜的浓烧汁，主要用于肉食上，如“京都肉排”就是把京都汁用在猪大排肉中，其酸甜味正好平衡猪肉本身，尤其是冷藏品种常常带有的轻微肉臊味，是广东菜乃至其他中国菜中常见的调味技巧。

“京都汁”的起源，据所读的文章论述，的确跟北方的传统炸酱面有关。文中提到，最先使用这种酱汁来做的菜，就是“京都炸酱面”，是广东厨子参考京津师傅们所做的北方炸酱面，取之并改良至适合广府地区饮食习惯和口味，而研制出来的一道新酱汁。因为灵感源自京津菜系的炸酱，因此把这种酱汁叫做“京都汁”，这汁其实属于广东菜的范围，京城是没有这种酱汁的。

“面”黑

正宗的北方炸酱面，我相信在香港是无法找得到的。近似的版本，在认真经营的上海食店也曾出现过，不过都是上海化的版本，味道似沪菜的红烧系列，酱油味较重和带甜。这种通常只伴小黄瓜幼丝的炸酱面是蛮好吃的，但就是跟北方正宗的不太一样，跟我们的“京都炸酱面”同样是外传的改良版。

真正的炸酱面还是要到北京才吃得到。有一次要北上公干，做完事情了之后，不用立即赶着回香港，就多留一天办点私事。去北京之前问过地道老北京吃炸酱面要到哪儿去最正宗，答案有点出乎意料，是崇文门的“老北京炸酱面大王”。差不多二十年前，我头一趟去北京，就是住在离这店不远的地方，后来每次去北京都会经过这店，但从来没有想过要光顾一下，因为它的门面和派头未免太像那些讨好游客的陷阱，所以我自以为过门不入就是很精明，谁知道原来是我自己狗眼看人低，看走眼也懵然不知。

炸酱面的历史流传许多不同说法，不过多数认为它并不是源自京城的。最戏剧性的说法，是慈禧因八国联军攻入京城，逃难西安途中，在一家小店尝过一碗炸酱面后甚为喜爱，就把这道西北小吃带回京师发扬光大。无论这些故事真确与否，炸酱面的而且确是北京城最富代表性、最为人所推崇备致的一道传统小吃。炸酱面的炸酱，是生油和黄酱，再加入姜末和肉丁所煮成的一种十分浓稠、颜色黝黑的肉酱，咸味甚重，并且全无甜酸辣等味道作平衡，是一种颇为原始豪迈的口味。面的酸味来自另加的蒜子腊八醋，其味辛辣刺鼻，好此道者当然觉得无比过瘾，习惯食味温婉细腻的南方人，相信并不太容易接受这种直接的咸酸口味。

北京炸酱面也讲究配合“菜码子”，即是浇在面条上的时令配菜。说得上时令，北京人对这方面的吃法是十分讲究的，不同季节要配不同的时令菜码，一般都有黄瓜丝、煮青豆、豆芽、菠菜、大白菜和萝卜丝等等。冬天吃的时候，面条要刚煮好，在锅里直接挑出来，热腾腾的拌着炸酱就吃；夏天吃的面条要过水后滤尽，再拌酱来吃才够清爽。

老实说，虽然我有北方人的血统，但这碗地道的炸酱面，我还只能抱着尊敬的态度来学习观摩，希望能够从一碗面条中窥探一下巍巍京城的豪迈气魄，和老北京众生百姓的坦直性情，是一种近乎从艺术层面出发的文化体验。若果纯粹从吃面的角度来说，我还是会选择东施效颦的港式“京都炸酱面”。

后 记

许多韩剧的追随者都会知道，韩国人不但吃炸酱面，还视之为national dish，就如英国人将印度咖喱当成是national dish一样。韩国的炸酱面当然也是传统中国北方炸酱面的变种，不过也变得没有广东版本的厉害，还保留了黄瓜丝的菜码，旁边加配几片腌甜萝卜来代替醋渍蒜

图 5-2

子，炸酱看起来也是黑黑的，不过当中加入了虾、乌贼、土豆、洋葱等韩国风味的食材来做酱，而味道也要比北京的淡许多，也偏甜，是完全不同的吃法。

老北京炸酱面大王崇文门总店　　北京市崇文区崇文门外大街29号（红桥路口西北角）
电话：86 010 67056705

麦奀云吞面世家　　中环威灵顿街77号地下
电话：852 28543810

梨花苑韩国料理　　上环德辅道中247号德佑大厦1楼
电话：852 25422339

拉面大战冷饭

从前，日本曾经想用刀用枪来征服世界，结果损人不利己，大伤元气。然而聪明的日本不但没有从此被打成残军败将，反而以惊人的速度重整旗鼓，改以新一浪质优价廉的家庭电器为前线大军，卷土重来用经济打天下。结果怎样，不用多说大家都知道了。乘胜追击，在力捧经济之余再大搞文化输出，致力令一切有关日本传统生活及艺术的种种，瞬间跻身世界舞台，并且昂然登上贵宾席。从此国家与国民身价三级跳，一切与大和文化有关的东西都变成热潮，变成奇货可居。而日本的饮食文化，当然也成为奇货之一。

长久以来，一切与日本有关的东西，在香港都好像如有神助一样：原装正版的过江龙如近年的MOS Burger开张时就门庭若市，有人可以为一个汉堡包排队，等过半小时也毫无怨言，换转是茶餐厅的话，还不“爆粗”继而动粗不成？就连本土的“抄袭猫”们也不弱，港产回转寿司店亦经常大排长龙。虽然吃日本餐要苦等，但随俗的大众还是乐此不疲，情人一边排队一边依偎，朋友一边排队一边看潮流杂志或者打电玩。那电玩来自哪儿？当然又是伟大的Japan。杂志报道的，也有一大半是日本的最新潮流资讯。香港脱离了英国的殖民统治，其实又再旋即成为了另一种“殖民地”：日本的潮流文化殖民地。

但还是不得不佩服日本人，同时也不敢轻视香港人的理解力。在街头的报纸档和在7-Eleven里摆卖得最多的外国杂志，肯定不是*Time Magazine*、*The Economist*、*Monocle*或者是*National Geographic*，而是*non-no*、《装苑》、*Joker*这一类日本潮流杂志。这些杂志明明全是日文写作，我想它们的编辑做梦也没有想过会有一大班日本语文盲期期追捧，令他们那本没有太多港人读得懂的杂志，畸形地在香港成行成市，与一众本地中文杂志平起平坐。这当然跟日本人的绝世排版神功有关，令他们的杂志每一页都真正能够做到图文并茂，但其实这也同样和香港人的神奇理解力有关。说神奇，因为在港人普遍语文能力插水式下降的同时，竟然有大班读者单从文章寥寥可数的几只汉字，就能读出个趣味来。如果政府机构的电话查询接线员也有如此惊人的理解力，香港就真的有些微希望可以被称为Asia World City。我有时真的觉得啼笑皆非，连东京也未敢如此厚颜无耻地自称Asia World City，香港请问你凭什么呢？

冷的饭

日本菜从来都不是我的第一位，极其量只是我的第一贵。对于我来说，其贵的可取，只有当我要花钱庆祝一些什么事情时，会选；一就是想郑重地答谢某人时，请他/她吃饭时也会选日本菜。不过最常有的情况，倒是当自己情绪低落，想乱花钱狠狠地吃一顿然后财散人安乐的时候，我就一定会选日本菜。

日本菜也是最适合独自一个人吃的、最孤芳自赏的菜。西餐虽也是一人一份，但独自一人上法国或者意大利餐厅吃顿五道菜的晚餐，可能要准备承受一些来自其他食客的奇异、甚至略带嘲讽和鄙视的目光。吃日本菜就不同了，无论是最大众化的吉野家之类，乃至最高尚的怀石料理，你都可以毫无顾忌合情合理地享受你的“一人前”，完全没有半点尴尬。

寿司，是我一个人的华丽（或凄美）晚饭首选。这完全是因为寿司吧这种聪明的设计：坐在寿司吧，可以把眼睛的焦点集中在面前的冰柜里面，像看博物馆展品一样注视着那些切得方方整整、不同颜色、好像 LEGO 积木的生鱼肉，同时，精神又可以集中在厨师身上，让他们为你介绍一下新奇的海产或食法。若果不想说话，又可以静静地坐着，一边留意厨师们精神抖擞地为你做寿司刺身。这样，你完全不需要理会其他人，其他人也不会理会你。吃罢扮日本人讲一句ご馳走さまでした（多谢款待的意思），恩仇泯尽，从新做人。

在香港，我最爱的寿司店是棉登径的“见城”。有一天我的食友何山向我推荐他的新发现，就是在尖沙嘴金马伦道的“寿司とく”。这家店最好的地方是开到很晚，不但厨师是日本人，食客也大半是日本人，口味是地道的。那天晚上很晚我们才去，人已经走得七七八八。大师父不在，何山有点失望，说没有平时好吃。我是第一次吃，觉得蛮不错。印象最深刻的是盐渍海菠萝。海菠萝日文叫ホヤ，译成汉字就是“海鞘”，只知道是一种奇特的海洋脊索动物，形状的确有点像菠萝，总而言之就是刁钻。味道颇为强烈，有点像乳胶漆，还有一丝丝大海的气息。一般口味封闭的香港人我想大多受不了，我就觉得味道及质感都很有趣，虽不算极美味但也教人吃得非常过瘾。

热的面

常常觉得寿司能够在全世界流行起来真是不可思议的

事。冷冰冰的生鱼，放在有醋酸味的冷饭上面，光是听起来便叫人倒胃口，但偏偏就有千千万万人趋之若鹜，使到吃寿司成为时尚都市生活不能缺少的高级趣味。这也并不是坏事，不过我自己一厢情愿地以为更有流行潜力的日本拉面，却从来未有成功进军国际。

日本拉面（ラーマン）毫无疑问是来自中国。战前由旅居横滨的上海人和广东人推广，战后才在全日本流行起来，变成常见的街头食品。ラーマン虽名为“拉面”，但其实并不是好像中国拉面一样徒手拉出面条来，而是切出来的，并且加有枧水或者鸡蛋，比较像广东生面，但汤头就有上海面或北方面食的风味。今天的日本拉面款式繁多，除了各地有自家的特色外，大城市如东京更发展出拉面激战区，常有新发明的拉面食法，新奇有趣，而且自成一系。

在香港要找一家像样的日本拉面店，跟要找一家正宗的广东云吞面店又或者上海面店一样艰难。近来我的另一位食友发现了一家新开的日本拉面店，赞口不绝。原来是一位在日本学艺的香港人开的店，叫“八千代”，卖的除了有标准的盐味、酱油味及面豉味拉面之外，还有拌面、日式饺子和一些小食。第一次光顾，我点了盐味。第二次点了面豉味。后来跟我的食友互对功课，才知道味道最好的原来是酱油味。再次证明我是完全没有赌博运的。

图 6-1

面有十分高的水准，汤头及配料都制作认真，不过我最喜欢的却是那只蛋，那只卤得甜甜的溏心蛋，一放入口就会令你的嘴角泛起一丝笑意，效果有如吃一只顶级的熏蛋一样。我从来相信，能够把像蛋这样基本和普通的食材弄得出神入化的，才是功夫扎实的厨艺高手。因此从这个层面来看，这间其貌不扬的小面店，不知胜过多少巧立名目的大餐厅。

后 记

2007年，米其林推出第一本亚洲区的餐厅指南。所介绍的地区是哪儿？当然不会是香港，而是理所当然的日本。我个人并不笃信米其林，老实说，今时今日米其林星似乎是生意额的灵丹多于饮食造诣的肯定。不过无论如何，日本菜的成功之道，似乎并不在于她的博大精深，也不在于她的源远流长，而是她的做事认真、自强不息和自爱自重的态度。这是很值得我们自命饮食文化深远的中国人去反省和学习的。

寿司とく寿司德　尖沙嘴金马伦道23-25A金马伦广场2楼B室
电话：852 23013555

八千代面坊　中环摆花街21号Soho Square 3楼
电话：852 28155766

CH4

无肉不欢

不鱼不吃

中国人爱吃鱼，这可不是我瞎说的，而是一般外国人，或者说最低限度是我的外国人朋友们对中国人饮食习惯的观察。我倒认为，咱们中国人爱鱼，但也爱菜爱茶爱珍禽异兽。说我们特别爱鱼，不如说其他民族不太爱吃鱼更合理一点。

爸妈从外国回来度假的两个多月，忽然间变得天天有住家饭吃。住家饭的主角，当然是鱼，皆因加拿大的鱼真的完全不行：分明是新鲜游水的河鱼塘鱼，却连雪藏货也不如。好像黑鮰鱼就不知哪儿惹来的满身泥瓣味，好难吃；草鱼或鲤鱼等来到了美国，就变成了侏罗纪公园里的怪物，好像被基因改造过一样，体积来个翻三番，不幸的是怪物鱼除了长多了肉之外，一无是处，味道跟香港的老祖宗相距何止千万里；至于地道的名产鲑鱼鳟鱼之类，时令的若果用热汤慢火浸熟，还尚算鲜嫩，但是吃不过三口，那厚重的鱼脂就要让人从心里头感到纳闷。所以说，加拿大的鱼始终还是欠缺了中国河鲜的一丝细腻柔情。

另一原因是，今时今日吃鱼还算是又便宜又丰富的一道菜。正当牛肉断市猪肉又忽然身价暴涨，到市场去买一段草鱼尾，又或者一两个鲮鱼肚，花费不过十元八块。回来切点幼细的姜丝、葱花，隔水蒸熟后，淋上一点用糖和水煮过的酱油，最后加些烧热了的上等生油便成。若果你问我天下间最美味的饭菜是什么，我会毫不犹疑地答你，就是这样的一尾清蒸河鱼，吃完鱼再拿鱼汁拌一碗热腾腾的白饭，吃罢死了也会变作风流鬼。又或者再下一城，把草鱼尾横刀�开但不要切断，把肉张开来排成好像扇子的模样，上些粉两面煎香，再加冰糖、浓酱油、黄酒，煮一味大名鼎鼎的“红烧划水”出来，就真是拿它来宴客也绝无待慢之嫌。

鲮 鱼 良 配

土鲮鱼也是绝对不可能在加国吃到好的。冰鲜货其实绝对谈不上是退而求其次的选择，须知有些食物只可以吃活的鲜的，雪藏就是不成。但还是有人去买这些冰鲜的来吃，大概对于许多人来说，有总比没有好，口里吃着腥膻粗劣的鱼肉，盼能暂解重重乡愁，也不得不说是一种凄凉。

最神乎其技的土鲮鱼吃法，相信就是顺德大良的煎酿土鲮鱼。做法是剖开鱼肚，在不弄破鱼皮的大前提下，小心把鱼骨拿掉，然后把鱼肉完全刮出来剁至糜烂，混入猪肉、虾米、香菇等材料，再酿入取了肉的鲮鱼空壳内，使鲮鱼神奇地还原“鱼貌”。再放锅里慢慢煎熟，吃的时候不知情的还以为只是一道普通煎鱼，殊不知一筷子夹下去始发现内里乾坤，很是趣味。

我有位大学同学 Johnson 是顺德人，回乡时曾为我带回来一尾酱鲮鱼。这尾鱼的包装很简约高级，真空透明塑料袋内，方正地端着一尾因酱过后变成褐色的鲮鱼，鱼身微干，形状保持得很好。一看到这尾鱼，立即让我联想到英国现代艺术家达明恩·赫斯特（Damien Hurist）的标本鱼作品。打开塑料袋，觉得鱼的卖相有点像 smoked haddock（烟熏黑线鳕鱼）之类的东西。外国人有种 smoked haddock 的吃法：先用牛奶浸煮，然后再加 crème fraiche（法式酸奶油）和 chives（细香葱）来焗，crème fraiche 的轻微酸味及油脂很能平衡 smoked haddock 的咸味，牛奶浴也能滋润和软化鱼肉。顺德大良也是牛乳之乡，用同一土地出产的水牛奶来浸煮我们的酱鲮鱼，之后再按照西法来焗，不知可不可行呢？

我当然没有勇气去做这项鲜奶油焗酱鲮鱼的实验，还是由我的入厨老手爸爸来操刀主理，按着传统方法，加腊肉隔水蒸煮。腊肉的油香，跟酱鲮鱼肉合在一起，是种渗透着农村和谐冬日气氛的良配。这尾鱼的质素还算可以，当然那些剩下来的，隔天加热再吃就更加好味道。不过，爸爸说这鱼比较起他幼年时在乡间吃的，已经是两码子的事，就好像我觉得现在的猪油渣面、鱼蛋粉等等，总不及小时候般好吃一样。遍寻不获记忆中的味道，似乎同样是某一种凄凉。

图 1-1

所以，好的东西就要懂得珍惜。但中国人就是这样奇怪，像有一次朋友告诉我，他到江苏一带工作，当地人盛宴招待，其中有一道菜是河鱼，主人家得意洋洋地介绍，说要怎样难怎样靠关系才得到这尾鱼，因为快要绝种了，2008 年吃过，很可能从此以后不会再有得吃。这令人毛骨悚然的故事相信每天都在发生，真的不敢想象我们的下一代将来要活在一个什么样的世界，吃什么样的食物。

“怪鱼”之劫

一次到上海工作，照例吃得死去活来。回到香港后，有几天肚皮胀得简直不想再放任何东西入口。这说不定是吃了濒临绝种动物的报应，或者是潜意识的内心责备所致。于是连忙发了个电邮给有份一起吃的上海香港人朋友阿花，问问她我究竟有没有吃了些什么怪鱼。第一大嫌疑是在“吉士酒家”吃的“葱香鱼头”，这道菜用的盘子就大得夸张，在有如被外星人印过离奇图案的麦田一样，大量整齐排列的香葱之下，埋藏着太空巡航舰一般大的鱼头，大得有点不可思议。有着这样大的头，这尾鱼不是史前生物是什么？

第二嫌疑是临离开上海前吃的一顿午饭：餐厅叫“敖龙”，主厨是“夏面馆”的开国功臣。餐厅没有“夏面馆”的刻意摩登装潢，甚至未算窗明几净，但感觉很知足很实际似的，可是却一点也不便宜，可能就是因为那一大锅有嫌疑的汤，拉高了这顿饭的价钱。这儿的汤是有名的，而且要预订。我们要的是一味奶白色的鱼汤，上桌时香得要命，汤头真的有如牛奶般白。里头有一块块雪白的、形状不一的鱼。送一块入口，竟然有点在吃肉的感觉。当然，鱼肉也是肉，但吃鱼从来不会给你一种吃肉之感，不会给你那种吃羊肉牛肉猪肉时所过的瘾，但这块鱼就令人有吃“肉”的原始快感。说得上原始，难道又有绝种的可能？

细问之下，得知一号嫌疑犯原来有两个名称：有人说是“鸦片鱼”，有人说“雅片鱼”。一个如此恶贯满盈、一个风流尔雅，真伪难辨。再在网上搜寻，有一种在东北很普遍的养殖鱼，叫“牙鲆鱼”，我想很可能就是鸦片鱼的原名吧。牙鲆鱼是一种巨型的左口鱼，属于鲽鱼一类，原产于俄国与中国交界的水域。它的一双眼睛都长在朝向天的一面，堆在一起傻兮兮的。牙鲆鱼的头又大又多肉又富胶质，实在很适合用来做葱香鱼头这类菜。现在市场流行的都是养殖的，应该暂时没有濒临绝种的危险吧。

至于二号嫌疑犯，原来是大名鼎鼎的“长江鮰鱼”，真是有眼不识泰山。鮰鱼如何大名鼎鼎？出名馋嘴的苏东坡曾颂赞它“粉红石首仍无骨，雪白河豚不药人”，说它可媲美鲥鱼和河豚的美味，但却没有鲥鱼的多骨和河豚的剧毒；明朝文人杨慎亦曾赞叹“粉红雪白，洄美堪录，西施乳溢，水羊胛熟”，说鮰鱼是“水里的羊”，可知它的肥美在众鱼之中首屈一指、非比寻常。野生鮰鱼的确是有点濒危，但近年已成功养殖，所以暂时也应该没有被吃绝的危险。

鮰鱼跟银鱼、刀鱼和鲥鱼，合称“长江四鲜”。原来我吃了“长江一号”，难怪肚子里好像有异形在作怪。

后　记

谈到食的报应，还有一次是刚巧五月到台北，那天热得要命，去了一间名叫“大鹏湾食堂”的餐厅，慕名去吃他们的招牌菜时令黑鲔鱼餐。怎料刺身刚上，我就开始偏头痛，一直痛到吃完饭回旅店为止。全程不知道在吃的是什么或什么味道，唯一最深印象就是那一道鲔鱼龙骨，有半个拳头般大，但只吃中间一块一元硬币大小的半透明软骨，很刁钻。可能就是太刁钻的缘故，害我头痛得五味不分，苦不堪言。几年前香港人投得日本筑地市场的新岁鲔鱼王，我一看那尾鱼在电视画面上被人拖行着，就不期然头痛起来了。其实鲔鱼也已经成为濒危鱼类，请不要令我们将来只可以在记忆中寻回拖罗的美味，大家还是吃得有节制、有分寸一点吧。

吉士酒家　　徐汇区天平路41号（近淮海中路）
电话：86 21 62829260

敖龙食府（已结业）

大鹏湾食堂　　台北市中正区北平东路16号
电话：886 02 23515568

哭泣的螃蟹

2008 年 10 月，铺天盖地的尽是骇人听闻的金融海啸新闻和经济严重低迷不振的预警。我记得那时约了朋友到我家附近的日本餐厅吃晚饭，途经一家著名海鲜酒家的分店，从前这里晚市大多数都是人头涌涌，门外老是围着十数人在等位子。但那天所见，简直有若战乱荒城，全间酒楼里只得一台年长街坊客，而桌子上的菜肴也很节俭，跟昔日大鱼大肉乱开红酒的光景完全是两样。

在资本主义的影响下，许多日常生活的必需品，都被开发成消费品，甚至奢侈品。传统里中国人的家常便饭，不外乎一两盘时令的瓜菜，豪华一点就来一尾半尾鲜活鱼，若嫌味寡，再加一两款自制的简单酱瓜或泡菜，就这样伴以粥粉面饭饼包馒头窝窝头等主食，就足够养活千百年来数以亿计的基本中国家庭。从前的人，一年难得有几次可以吃鸡吃肉，但他们的身心似乎都比我们健康。

不是说不应该享受食物，也不是说吃得精美一点是罪过。只是有些时候，我们也应该好好反省一下我们在香港的生活模式。大部分香港人，平常工作极度劳碌，身心疲惫不堪。许多时候一有机会，就会拼命地去享乐。其实，这都是因为在沉重的生活压力下，所产生的怨怼之气无处宣泄。而香港人又大多不爱阅读不爱思考，犬儒的反智精神，亦令到大部分人抗拒一切康体文艺活动，物质生活充裕但精神生活赤贫。所以，最终只有被满街的消费指南式杂志诱导，好像中了咒、着了魔一般地疯狂消费，日日夜夜大吃大喝。所有杂志报道的最新最潮食肆、所有名人推荐至 in 至 hot 的热点，都要一一抢先试吃。麻木享乐之时，不但金钱不是问题，许多时候连食物本身也不是问题，因为这全都只是泄欲式消费，根本毫无质素可言。

我是不相信报应的。又或者应该说，我不相信报应这回事是非黑即白般简单。所以，我不会说也不懂说即将要降临大地的经济冰河期是我们过分贪婪的报应，因为一定还有该死的人在搁高双腿饮香槟吃鱼子酱，而我也不相信失去毕生积蓄的公公婆婆，或者是因为经济变差而失业的人，是因为他们贪婪之过。还记得 2003 年夺命的一场非典，在杀人的同时也夺去了很多好餐厅老商号的命。如今大难将至，应该是去修心养性积谷防饥，还是衬着叶枯树倒之前，尽情享受这夕阳的余晖呢？

芳 馥 酒 香

在那个时候写“大闸蟹”，好像有点儿不近人情。不过，这本当是问心无愧的：秋凉天本来就是吃螃蟹的季节，只不过那年天不时、地不利、人也不和而已。

其实，多年前螃蟹的情况就已经很不济事，先是太湖水在春夏间受蓝藻污染，臭气熏天之余，连周遭城镇的饮用水供应也受到威胁，而阳澄湖也因为多年来的过度养殖，湖的生态平衡被严重摧残，水质恶劣。“清水大闸蟹”顾名思义是有赖清水而生的，如此“水患”当前，怎会有好的收成好的品质？所以，那时就没有怎样去吃螃蟹，就算有机会吃，也着实不太敢吃，生怕蟹的来源不明不白，一下子中了毒蟹便麻烦了。

本来在香港不敢吃的，理应在国内就更加不敢吃才对，偏偏最值得回味的螃蟹，却在南京尝到。2007 年 11 月，因为要在“江苏省昆剧院”帮忙，办几场昆曲的演出，所以在南京待了一个多星期。这次旅程中令人梦魂萦绕的，除了昆曲之外，还有豆沙包、汤包、鸭血汤和糯米烧卖等等街头小吃，和“省昆”石小梅老师弄给我们吃的醉螃蟹。

石老师如何能唱、能演、能教不用多讲，只消上网搜寻一下，就立即会晓得她是名不折不扣的活国宝。不过，原来石老师也相当懂吃，跟她谈吃她会很投入，很开心。那天还未演出，只是排练，大伙儿一起在剧场的休息间吃晚饭时，石老师悄悄地拿了一盒东西过来，在我耳边说道，这是她一个星期前自己做的醉螃蟹，非常好吃，在外面是吃不到的。我连忙谢过老师，然后跟一同到来工作的馋嘴何山，恭恭敬敬地打开塑胶食物盒，里面安静地躺着一对大小不到三两重的螃蟹，雌雄各一。眼看着蟹，鼻子立即就嗅到馥郁的黄酒香，当中还带丁点辛辣的香料味道，很诱人。螃蟹剥开来，全场哗然，因为小小的蟹身，却乘载着满得快要溢出来的油黄脂膏。何山先尝了一口，把眼睛瞪得快要掉下来，还未及下咽就嚷着说是极品，还说这个生吃的螃蟹，把所有如云丹、蟹味噌、酒盗等等同类型的日本名菜统统都比下去。一试之下，证实了何山之言绝无夸张：不太浓烈的酒味和辛香味，味觉上为螃蟹的精神面貌点了题，而且没有酒家做的肉质那么有韧劲，蟹膏和蟹肉全都松松滑滑的，因此不会像平时吃醉蟹般，吃几口肚子就立刻被填满，不想再多吃。这也可能是老师选中小型的螃蟹做材料的原因吧。

问老师她的醉螃蟹是怎样做的，她说先要用白酒（即高粱酒之类，度数四十以上的烈酒）把蟹醉死，然后再放在用黄酒、白酱油、生姜和其他香料调配成的酒卤中，把全部材料放在一个清洁的瓦缸中封好口，放在屋外让秋风微冷它四天四夜,就可以拿出来吃。吃不完可以连卤汁一起放冰箱内,贮一个冬季都没问题,随时有美味的醉螃蟹可吃。

澄明

2007 年的螃蟹灾难，香港当然也有受到影响。专门研制精品中菜的朗豪酒店“明阁”，就因为蟹源不稳而取消了去年的“大闸蟹”专题。2008 年,阳澄湖实施了严格的养殖管制，养殖空间及产量都减少了一大截，换来的是高价但优质的螃蟹，及湖水质素得以改善。因此，明阁 2008 年再办“大闸蟹”专题菜单，不但螃蟹的质素远胜往年，厨师们还趁着阔别一年的机会，吸纳了几种在香港并不常见的传统江苏做法,令它的螃蟹菜变得比以往更精致,更具瞄头。

在未曾有朗豪酒店之前，十数年来要在旺角区吃真正精巧到家的中菜，就只有利苑酒家。近年加入的明阁，给旺角区带来了另一高档次中菜食府的新选择。虽然明阁打的旗号是以粤菜为主，但跟利苑一样，明阁并不会令自己的菜式局限于广府菜系的材料和做法。就好像这个“大闸蟹”专题菜谱，便糅合了苏浙的传统食材和技艺，令菜式的配搭变得更灵活,做出来的效果也较为浓淡适中、跌宕有致。

拍摄当日,实在吃了太多不同形式不同做法的螃蟹。每个菜都有它独特之处，而且水准都很稳定地高。其中一款菜，还令我在吃完之后的数天，心里头都念念不忘，想马上再吃一遍。这道名为“蒸原只酒酿大闸蟹”的菜，据明阁的主理人朗豪酒店中菜行政总厨曾超敬师傅所说，其实是种老上海人的吃法。在上海以至江苏地区，螃蟹是每年都有的时令食品，吃得多了，有人便开始尝试发明不同的制法，来增加吃螃蟹的乐趣。除了配酒酿蒸以外，用酱油烧的做法明阁今年也有采用，两种做法做出来的风味截然不同，却都是传统的螃蟹菜。这个用酒酿蒸的做法的精奇之处，在于运用了细腻甜香的酒酿来提升味觉的层次。酒酿本身不但带出了这道菜的苏浙风味，同时又能恰当地把清水大闸蟹的所有好处烘托起来。当然，明阁所选用的六两重上品阳澄湖蟹，也是令到这道菜能如此成功的重要因素。

图 2-1

不过，明阁的特色专题菜是每月更新的。所以此书刊出之时，“大闸蟹”专题菜单早已经卖完，只好期待来年再见，又或者可以探索一下明阁每月的专题菜，听曾师傅说，好像会办一个有关生蚝的菜单……

明阁

九龙旺角上海街555号朗豪酒店6楼
电话：852 35523300

板在烧，汁在叫

我们现在常常讲究食物的卖相，这种文化或多或少都是受到现今林林总总的饮食节目和杂志等等的影响。“看食物”成为了最新的潮流。我不敢说我是先知先觉的食物相片拍摄爱好者，但近年真的越来越多人在吃饭的时候，拿手机来为自己点的食物写真留影，然后在面书微博上搔首弄姿。无他，只因自己未有天赋的天使面孔魔鬼身材，拍摄自掏腰包买来的精致饭菜，也好勾引一下看官们的本能食欲，顺便寄望他们对食物背后的食客有多一丝美丽的遐想。我有一位加拿大的食家朋友说得最一矢中的，她形容这些食相横陈的照片为“food porn”。看了令你食指大动的照片，在功能上不就是跟色情照片要引起你的性趣一模一样吗？报章杂志看准了这一点，以隐蔽式软性“色情”作招徕，万试万灵，连公仔箱也不甘后人，这可是近年香港传播媒介的一大趋势。

可是食物跟人一样，许多时都一就是虚有其表，一就是其貌不扬得可怜，所以说“食”也是“不可貌相”的。而且跟面相玄学一样，要懂得从外表准确判断食物的质素和厨子的功力，是需要累积许多经验才能做到。幸好，食物在最终极阶段的“味”感之前，除了有“色”之外，还有“香”这个重要的官能判断因素。我们其实平常都不太关心我们的嗅觉，不关心到了连嗅觉方面的享受也无动于衷的地步，更加遑论怎样去欣赏嗅觉谦卑地为我们日常生活带来的种种辅助。譬如说，我们要依赖嗅觉来辨别牛奶是否变坏，衣服是否需要洗濯，芒果、木瓜是否成熟，隔壁是否失火等等，这些事情我们不能单靠其他感官去有效地判断。没了嗅觉，我们不但食之无味，而且会对我们的日常生活构成实在的不便和危险。

表 演 肉

所以，有色有香，就是对味觉的最佳宣传。单靠照片或电视机屏幕，是只有色而未闻香的，犹如偷窥。从前在街道上叫卖的小贩，善于用香气来诱客，就如卖臭豆腐者，招摇过市的“香”，令客人的双脚自动自觉地带主人走到食档前；卖煨番薯煨鱿鱼干鸡蛋仔的，所用的也是同一招数。香味不够倾国倾城的，亦可大叫大喊以助声势，或者再加个即场现做现卖，再配合“行为艺术”，如龙须糖叮叮糖飞机榄等等，都是手艺加包装的成功例子。

这种声、色、香、味全的食艺，并不只见于市井小吃，也能登大雅之堂兼且收取高昂费用。素来最懂得经营包装的日本人，在维新一直到战后，都有专心下工夫来钻研如何改革日本的餐饮文化，吸收西方饮食的精彩项目，加以改良及“和化”，变成一种洋装和魂的独特饮食风貌，成功在本土开花结果之余，更同时征服了世界上许多其他民族的肠胃。当中的佼佼者，就是大名鼎鼎的日式铁板烧 Teppanyaki。

跟许多新潮日式餐饮项目一样，铁板烧是上世纪初开始在日本出现的。有关它起源的说法不一，但大致认为灵感是来自西方厨房中常见的热板（griddle），日本人将它拿到客人面前，让铁板烧的大厨可以好像寿司或拉面的师傅一样，在客人面前现做新鲜菜肴，卖弄一下厨艺之外更可与客人直接沟通。铁板烧在以牛肉著名的神户市起步，厨师在客人面前即席烹煮高档神户牛之时，可以因应每位座上客的喜好，做出不同生熟程度的牛肉，满足每一位客人的口味。所以这一场食艺秀也不只是一种卖弄，而是有它实际的好处的。

板在烧

铁板烧在日本是高档次的料理，热爱日本文化的香港人却大部分都不知道它的存在，还只停留在吃着日本人不会吃的三文鱼寿司，配混得一塌糊涂的假青芥末酱油。难怪在香港要找一处正正经经地吃一顿铁板烧的地方并不容易。幸好，港岛香格里拉酒店成功引入有180年历史的日本料理老店Nadaman（滩万），令香港的美食地图上不至于缺乏了正宗日式铁板烧这一别致景点。

滩万的原始母店由滩屋万肋君于1830年在大阪创业。滩万的名字，在许多日本文人如夏目漱石的笔下都有被提及过。发展到今天，滩万在日本全国乃至海外都有分店。怀石料理当然是这家以关西为本的老牌餐厅的星光所在，然而滩万港岛香格里拉店的铁板烧，却是许多政商界名流的常规之选。步入滩万，走过长曲走廊，经过寿司区及料理区，最深入的内厅就是铁板烧区所在。如此私密的空间，难怪是招待生意来往上的贵宾的理想地方。但光是地点气氛还是不足够留住客人的，以滩万实际上多做熟客生意的情况，就知道这儿的食物和服务必然是最顶上的级数。食物不用多说，就说服务，铁板烧的成功关键，就是客人面前活生生的师傅。他不但要手艺高强，动作敏捷利落，更重要的是要有与客人沟通的技巧及控制气氛场面的能力。不能不言但也绝对不能多言，懂得从眉目眼神之间窥探客人的喜好，而尽量在不骚扰客人的情况下提供最贴心的服务和最合客人口味的食物，需

图3-1

胆大而心细，绝对是一件艰巨的工作。那天拍摄时，为我们主持炉火的是港岛滩万铁板烧总厨Lawrence。15岁入行的Lawrence经验老到就不在话下，在他的一双菜铲之间变出来的魔术，不单只有美食，还附赠令人眼界大开的创意烹调，及他本人真诚可亲的大性情。难怪Lawrence是许多滩万常客的指定厨师，没有Lawrence他们宁可不吃。

汁 在 叫

日本人有这个西为日用的好主意，但在我们香港这弹丸之地，数字上当然没有比得上日本的人力及财力，但我们的前辈也不甘后人，在过去的一个世纪亦创造了一个西为港用的独特港式西洋餐馆文化，至今仍然为大众所喜爱，也成为了我们生活的一部分。

我们或许没有弄出一个如日式铁板烧一样高档次的名目，但铁板这玩意，我们也有一套相当有看头的温情玩法。我们用的铁板跟日本人的用法和效果都不一样，港式铁板扒餐的食物并非在那一块铁板上煮熟的，事先烧热的铁板主要是上菜用，好让侍应把烧汁或黑胡椒汁淋在盛于铁板上的牛排上。当汁液接触到炽热的铁板，立即吱吱作响，有若火山爆发一般峰烟四起，客人躲在餐巾背后避开正在四溅的汁液，又忍不住偷偷看那块氤氲的牛排，沉醉在那股不断上升的香气之中。那份牛排经过这样一轮大龙凤之后，未入口就先兴奋，是挑动食客情绪的高招。

根据香港著名食评人唯灵先生的说法，最早引入铁板牛排的是当年位于中环连卡佛大厦的美心餐厅，时间是上世纪 50 年代中。今天，美心已经蜕变成为餐饮业巨匠，铁板牛排依然在许多保留着老好香港情怀的扒房中天天出炉。其中一家最有代表性的就是位于大道西的森美餐厅。创立森美的叶老先生是西厨出身，把法式扒房的厨艺运用于本土西餐的特色口味上，重点是制作要认真，用料要上好，以酱汁为本，经营超过四十年，味道历久常新，是我的平民扒房必然之选。叶老先生一子一女难得地对饮食业同样有热诚，并且全心全力继承了森美的事业。叶小姐向我娓娓道来香港西洋餐的发展史，如何由最初的英伦风及来自内地的俄罗斯式西餐影响，及后四小龙经济起飞，酒店兴盛而大量引进了法式烹调技术人才，影响了好一群本地西厨的取向；后来，美式及意大利式食品开辟了中下层市场，洋食进一步融入港人的日常生活之中。这样经由她一说，我方始茅塞顿开，立即明白了为什么老派香港扒房会有罗宋汤、串标牛柳、俄国牛肉饭等等，亦同时会供应蓝带鸡、黄姜汤、梳乎里、惠灵顿牛排。叶小姐更为我们特别准备了招牌森美汁，如此真挚的人情味，今天已经难得一见，我也好自品味着铁板杂扒，伴着森美汁，享受传统香港精神的一刻逆转时光。

なだ万
灘万日本料理
香港金钟道 88 号太古广场 2 座港岛香格里拉酒店 7 楼
电话：852　28208570

森美餐厅
香港皇后大道西 204 至 206 号地下
电话：852　25488400

封禽榜

我们今天的日常生活，事事富足，物质更充裕得严重地供过于求。于是，我们已经渐渐遗忘了我们真正的、切身的基本需要。所有商业活动，都是基于贪念、欲望和虚荣，就像我们千辛万苦赚来的，很大部分都花在一些我们并不需要的事物上。花了也不知道为什么要花，不受用又不惬意的消费，就是浪费。

浪费的副作用，是令人不懂得珍惜身边的事物。什么东西都呼之则来挥之则去，中间欠缺追求和了解的过程，我们与我们的所得之间，许多时候根本没有建立过任何关系。用爱情来作比喻的话，就等于从来都没有认识过，没有追求过，什么悲欢离合都没经历过，便说是尝过或受够了一段感情经验，这说法好像很趋时很撇脱，其实却是一种悲哀。

从前的人，生活条件远不及现代。许多日常生活的事，都需要比现代人多用脑筋和力气来办好。这些力气其实并不是白用的，因为花了时间下过工夫，获得的是隽永的趣味和质素的保证，而且能够与身边的事物建立起长久正常的关系。简单如一只鸡蛋，先用百般爱护关怀来照顾好母鸡，给她吃好的，使她活得快乐。然后这些快乐的母鸡才会下快乐的、味道和营养都好的鲜鸡蛋。不会像现代化的下蛋工厂那样，为了方便管理大量生产的程序，不惜用残忍的手段，例如把母鸡的嘴尖剪掉，再令它们余生都在一只小得容不下它们有转身空间的铁笼中度过，日复日地喂饲化学激素来催生。这些工厂制造出来的蛋，价钱低得近乎是贱卖。而这些不快乐的鸡，下的都是欠缺尊严的闷蛋，吃起来味同嚼蜡。纵使便宜得可以天天放任地吃，我宁可它宝贵些、难得些，令我吃的时候不用带着同流合污的罪咎感，也可以存着对大自然崇敬的心，来珍重品味一只浑然天成的好鸡蛋。

从前的人，不会用自以为是的傲慢态度来对抗大自然，他们的起居作息，一瓢饮一箪食都按照着大自然神圣的规律进行。四时珍品各有期限，且近山吃山近水吃水，人和大自然在一种和谐共存、相敬相依的关系中世代结盟。在这种互相尊重的盟约中，大自然送给人类许多宝藏，还善诱他们去动脑筋，利用双手把上天赋予的各式各样食物，和平地转化成无穷无尽的新菜式。这些新菜式不但为生活带来方便，还渐渐成为了我们历史文化中一个重要的构成元素。当然，最后的赏报就是各式天然滋味。

封 功 伟 绩

盐是大自然的伟大奇迹。中国人称盐为“上味”，意思就是赞美它为提味之本。无论什么食物，就算是带甜的，只要加适量的盐，就能彰显本身的滋味。盐还有防腐的功能，人类在很久以前就懂得用它来腌渍各类肉食海产蔬果。最初是为了保存食物，积谷防饥秋收冬藏，后来，腌制食物渐渐变成一种文化，开始讲究方法及过程，研发出不同的味道，令腌制食物成为我们饮食文化中一个重要的系统。

精心腌食都是出于对食物的爱。宰肉当然是想要吃鲜的，剩余的为了不致浪费，人们常会把它风干或腌制。腌制过的肉，其实另有一番滋味，也渐渐为人们喜爱，变成了美食的一种。世界各地都有自己的腌食文化，且各有千秋。就拿鸭肉来做个例吧。鸭是趣味性十分高的食材，而且全身都是宝，但需要高明的烹煮手法来发挥它的美味。所以，世界上最会煮最会吃的两大文化，也是我认为最懂得做好鸭料理的高手。

法国人吃鸭历史悠久，调制方法五花八门。其中一种最为世人传颂的吃法，一定是 duck confit（法式名菜油封鸭腿)，法文叫confit de canard。Confit的意思，其实泛指以浸泡慢煮的方式来为食物提味之余，再加上保鲜之法，是法国西南部加斯科涅(Gascony)地区的特色。在香港，要吃duck confit一点也不难，因为它是用油来封存的，是做罐头的好材料。不过如果你想吃鲜制的duck confit，就恐怕要运动一下懒骨头，上山下海寻宝去。

虽然在许多餐厅的菜单上，都可以找到duck confit，但很有可能卖的是罐装货。不是说罐装的就一定不好，但始终跟现做的有分别。想吃香港制作鲜腌鲜封的鸭腿，我就会选择到西贡白沙湾的Chez Les Copains。这是一家出人意表的可爱小店，店主兼厨师Bonnie是个爽朗热情的人，她的店面积虽小，但无处不反映出她自在乐天的性情和对饮食，尤其是对法国菜的热爱。

油封鸭腿(亦有译作“功封鸭腿”，这译法其实更神妙，把音和义同时都翻译得好)并不是难做的菜，但制作过程颇为繁复，功夫很多。作为Chez Les Copains其中一样招牌菜，在法国学艺的Bonnie坦言，她在法国时其实并没有认真钻研过这味菜，倒是回港开了自己的餐厅后，客人爱吃“功封鸭腿”，嚷着要她做，她才慢慢摸索出一条门径，而客人吃过后也很积极给她意见，她不仅细心聆听，还努力研究和改进。就是这样，以一众Chez Les Copains的熟

图4-1

客为桥梁，Bonnie跟“功封鸭腿”建立起长久而实在的关系。今天，见Bonnie驾轻就熟，边煮边谈她对这味菜的点滴心得，当鸭油的香气在厨房内飘扬之际，竟然令人感受到香港久违了的一种小店的人情味，令我不禁由衷地对来自法国的一只鸭腿，生出尊敬和感恩之情。

秋 风 起

中国人吃腌制食品的文化，绝对不比法国逊色。什么食材，中国都差不多一定会有腌制的版本。诸如海产、蔬菜、肉类、蛋奶类，乃至各式豆类及五谷类的制品，都有不同方法的腌造。而在许多地方菜系中，腌食更成为了其主要的烹调素材之一，使之由俭朴的农家菜跃身成为大筵席上的佳肴。我自己觉得最神奇的，就是皮蛋。真的不能不佩服古人的实验精神和创意，竟想到用石灰来腌鸭蛋，的确是人类饮食文明的神来之笔。

鸭蛋可以腌食，鸭身当然也可以用相同的概念来处理。腌制的鸭在中国十分流行，各省地有不同的做法，有全腌干的，半腌半鲜的，浅腌的也有。香港人最熟悉的，就一定是每逢中秋后上市的“腊鸭”。腊鸭，广东人也有把它叫做“油鸭”的，北方人或叫做“板鸭”，是一样差不多有六个世纪历史的传统食品，主要产自江西、福建、江苏、四川及广东，其中以江西南安的产量最多，品质也最好最稳定。广东东莞也大量生产，但鸭身较多肥脂，也因气候较湿暖，腌制时用盐的分量相对需要较多，所以肉味偏咸，未能算是上品。腊鸭虽然一般在中秋前后上市，但最佳时节还是在腊月左右，即农历十二月，所以冬令时节吃的腌肉制品都统称“腊味”，原因就是因为传统在腊月举行的“腊祭”，要宰杀大量家禽来作祭祀之用，吃不完的正好腌制保存下来，整个冬天都有肉吃。

这些对腊味的知识，当然不是我的专长之处，而是从一家专门生产及零售腊味的老店店主那里查探得来的。这间有超过六十年历史的香港老字号，是位于上环的“和兴腊味家”，是现今硕果仅存的几家有自家工场制作正牌 made in Hong Kong 腊味的店铺。“和兴”的第二代掌舵邓先生是个诚实商人，卖的全部是过得自己要求、亦对得住街坊熟客的优良产品。他们的腊肠是自制的，品质固然是六十年如一日，腊鸭也是不好的货不入，对产地来源及品质味道的要求一丝不苟，且对来货的处理无微不至，保证你买到的，都是维持在最佳状态的良品。

图 4-2

邓先生可说是腊味的老行尊，不单只对自己卖的货品有深入透彻的认识及了解，还难得地对自己的专业有一股热忱。邓先生慨叹今天的化学养饲，令猪牛羊鸡鸭鹅等的肉质下降之余，也因罔顾自然定律，乱用死肉厨余等秽物来做饲料，带来疯牛病禽流感等等恶果。他也惋惜今天的传统食品日渐式微，人们对食味的要求及爱护，被速食文化无情摧残。好像“和兴”这样坚守传统的良心老店，真的有如恐龙化石一样，应该好好保护，使我们的下一代纵使没有了冬天，还依然有品味老好腊味的福气。

和兴腊味家

上环皇后大道中 368 号伟利大厦地下 5 号铺
电话：852 25440008

Chez Les Copains

西贡白沙湾 117 号地下
电话：852 22431918

血鸭的风采

香港的七八十年代，有一种叫“国货公司”的次文化，在民间十分盛行。为什么说是一种次文化？因为这些店在一定程度上塑造了香港人当时的生活模式。那些年头，香港的购物消费，还是相当实是求事。日常生活中穿的吃的，要求物有所值多于随波逐流。于是，当年货真价实的“国货”成为大众解决日常生活衣食需要的好帮手。

相信跟我一样在上世纪 70 年代成长的香港人，对“大地牌”外衣西裤、“蜻蜓牌”球鞋、“菊花牌”内衣和“中国皮鞋”等等草根名牌，都会有自己的回忆；“梅林牌”火腿猪肉、回锅肉，“水仙花牌”五香肉丁和“牧童牌”牛尾汤等，更加是一家大小每晚聚首折台旁的温情美食。那个年代人人刻苦，却活得有希望。

今天在佐敦道与弥敦道交界的裕华国货公司，当年是龙头大哥，地位差不多是国货界的 Harrod's。既然称得上是

Harrod's,怎可以没有 food hall 呢?其实,直到几年前,佐敦裕华地库还是个土炮 food hall,不但有大江南北各式趣怪美食和东南亚乃至世界各地的特产,亦有各类保健食疗及成药。当中最前卫的还看肉食部:冰箱中当然不乏急冻鲍参翅肚,鹿肉兔肉雉鸡鳄鱼亦只属等闲,蚕蛹禾虫禾花雀沙虫干总算有些瞄头,但还不及穿山甲果子狸猫头鹰水蛇肉一般有“万圣节”气氛。还有活的货如正梧州金钱龟和蛤蚧,我就记得在裕华见过有活生生的出售。曾经有一段时间,很流行吃水鸭汤来进补,我姑母有一次要买一只水鸭回家煮汤,也是到裕华去买。那时候在地下楼梯的附近有个小鱼池,养着金鱼和巴西龟,为了宣传水鸭上市,特别在鱼池中放了几只塑胶水鸭模型,也算是颇有心思的宣传。

嬉皮士

水鸭滋补,是民间流传的说法。其实普通家鸭的肉亦具有食用的疗效。大家都说鸭肉带“毒”,我不是中医师,也对食物的药用特性不甚了解,通常好吃就管不得其他。中国饮食医药圣典《本草纲目》的确有提到鸭肉“甘、冷、微毒”,再查看一下网上资料,发现可能是因为鸭肉寒凉的特性,所以被人说成是有微毒的食材。但不同的鸭如家鸭、野鸭,或南鸭、北鸭等就很不一样，绝对不应一概而论。反而，若从药理上来看，鸭肉温补而不上火，比微燥的鸡和属于“发物”的鹅肉，更胜一筹。

在中国，用鸭肉做材料的名菜很多，如苏浙菜系的老鸭汤和鸭血粉丝，南京的盐水鸭，四川的樟茶鸭，广东的烧米鸭、八宝鸭等等，都各自精彩，独当一面。但论声名，还是北京的烤鸭最大最噪。烤鸭之所以蜚声国际，我想除了味道对了绝大部分人的胃口之外，也因为它是一个完整的美食体验（culinary experience）。整个吃烤鸭的过程，充满近乎礼仪性的步骤，这些“rituals”还要在客人面前表演示范，客人看着看着，不知不觉间就生出对烤鸭的高度期望和渴求。到鸭片上桌，想要吃它的欲望升至最顶点时，再加插一个自己亲手加酱加瓜，还要加上用面皮卷起送到嘴里去的finale，这一切一切都是为了品尝那一片橘红亮脆的鸭皮而上演的前戏，把吃鸭人的精神高度集中在这一片鸭肉上面。如此大费周章，当然会觉得本来就是佳肴的烤鸭皮分外滋味。

二三十年前，香港的北京烤鸭名扬四海，有说要比北京的还好。事过境迁，北京烤鸭光荣回归发源地，老字号如全聚德或便宜坊积极改革扩充，新发彩如大董或小王府亦锐意求变，将经典重新演绎，为北京的烤鸭界带来新气象。年初到过北京，拜访了位于 Grand Hyatt 内的“长安一号”，本想试试北京人投票选出的 number one 果木烤鸭，可惜当时只有我一人用膳，又不想为了试食而浪费食物，结果还是跟“长安一号”的烤鸭缘悭一面。

后来，机缘巧合之下，有机会到刚开业的 Hyatt Regency Shatin 参观，在那儿的中餐厅吃午餐，步进餐厅，那里的陈设布局立即令我联想起长安一号。一问之下，原来这家叫“沙田 18”的餐厅是根据长安一号设计的。我马上问这餐厅的烤鸭怎样，凯悦的公关 Edith 是个对食有研究的人，一听见我的提问立即了解我的意思。Edith 告诉我沙田 18 的烤鸭跟长安一号的一脉相承，不但师傅来自北京，其他所有细节除了不能用木火烤箱之外，都做到跟北京母店的一模一样，形神俱备。能见识到传统做法的北京烤鸭而不用飞到北京去，这样的机会岂能放过？于是我立刻就跟 Edith 相约拍摄沙田 18 的烤鸭制作过程。拍照当天，来自北京的帅气师傅为我们“片皮”，手法之灵巧就如在处理一件艺术品一样，手起刀落，丝毫不差。鸭件的三个不同部位均有不同的切法，有光吃皮的、全吃肉的和皮带肉一起吃，十分讲究。吃完皮之后余下的鸭身也完全没有浪费，分别再做成生菜包鸭松和鸭汤，一鸭三吃，物尽其用，也是我们中国人原本就信奉的美德。

血鸭的风采

就如前文所说，我认为最懂得吃鸭的民族是中国人和法国人。中国队有腊鸭，法国队就有功封鸭腿；中国队有烤鸭这种好像作秀一样的大菜上阵，法国队那边恐怕要出动皇牌大菜来迎战了。

法国菜中其中一道最引人入胜的大菜就是“血鸭”(pressed duck)，法文叫 canard à la presse，或叫 canard au sang，是用血来煮的鸭的意思。据说最初是在法国北部靠近英伦海峡一个叫鲁昂（Rouen）的城市，由一个名叫 Mèchenet 的餐厅经营者发明的，传至首都巴黎，成为了著名老字号 La Tour d'Argent 餐厅的镇山之宝。自从 19 世纪名厨 Frèdèric 接掌 La Tour d'Argent 以后，他就开始给每一只卖出的血鸭一个顺序号码。到 1996 年，La Tour d'Argent 卖血鸭的数目达一百万，其中跟法国特别友好的爱德华七世，在他还是英国皇储时就吃了第 328 只；罗斯福总统吃的是第 33，642 号；而第 253，652 号是给查理·卓别林吃掉的。虽然近年 La Tour d'Argent 的米其林星誉一跌再跌，已经由三星降到一星，但绝对没有影响她的生意，想要到那里吃一份天价 170 欧元的传统血鸭，要一至三个月之前预先订好位子，才有机会踏足这座巴黎餐饮界的银色宝塔。

不去巴黎，也可以吃血鸭。我的第一次血鸭经验，是在香港的一家现在已经易手的餐厅吃的，不太正宗也不打紧，只是收费千元以上，连我吃的那头鸭的全尸我也没有瞻仰过，那个压榨鸭血的过程也是鬼鬼祟祟在餐厅的一角进行，不禁要令人觉得物非所值。反而有一次去曼谷旅游，在网上搜寻吃的好去处之时，发现了 Le Banyan（现已改名为 La Colombe d'Or French Restaurant）。这间年龄刚满二十的传统法国餐厅，隐藏在曼谷最繁忙的商业大街 Sukhumvit 的旁支小巷中，是一栋被热带雨林一般的庭院包围着的独立屋。餐厅的陈设很欧陆，如果不是有环绕三面大玻璃窗外的那些巨型热带树木提醒你正身在曼谷，你还真的以为自己处于欧洲某处的一间老派法国餐厅内。

Le Banyan 的主脑是两位来自法国的老行家：Michel 是总厨、Bruno 负责楼面和账目。二人都曾在世界各地不同的餐厅、酒店、邮轮、赌场等工作，对饮食业了如指掌。二人年轻时都当过伞兵，之后又周游列国多年，绝对不是“善男信女”。他们的法国菜也跟他们一般“硬朗”，从外观到味道都是毫无保留的传统风格。在这里用餐好像走进了时光隧道，回到古典法国菜的辉煌时期。Le Banyan 的主题菜就是血鸭。菜单上写着“Pressed duck-Rouennaise style”，我想是除了向这道菜的发源地致敬，也点出他们的做法是传统的，跟巴黎式的华丽不一样。Le Banyan 的血鸭是足本演出，从鸭身割取鸭胸肉和鸭腿，至压榨鸭血，再用鸭血来煮汁，以至细切煮好了的鸭胸及封汁上碟，全部过程都在客人面前完成。以 1,500 泰铢一位的价钱来说，如此服务及食物质素，简直是人间仙境。要挑剔的话，就是这儿的血鸭宴只有一道鸭胸，省略了传统吃法上包含的第二道烤鸭腿，的确是有丁点儿不够过瘾的感觉。

图 5-1

后 记

鸭的血除了法国人有所妙用之外，世界其他地方的人普遍也有拿它作为食材。例如波兰有道名菜叫“Czernina”，就是用鸭血加进用肉熬的清汤中，配合果品及醋制成，是味道酸酸甜甜的汤，相当传统。如果要数最直截了当、最“重口味”的，相信一定非“Tiêt Canh 越式血汤”莫属。这道汤是越南乡间的一种早餐食品，基本上就是生鸭血，经过冷冻轻微凝固，上面放碎花生和多种香菜，再加点青柠汁，就这样血淋淋地吃下去。Tiêt Canh 听说有一种金属的味道，卖相毫无修饰，看起来就是一碟不折不扣的血。我就一点都不怕，有机会一定会试，只不过近年的禽流感疫情的确为这种传统的廉价早餐蒙上了恐怖的阴影。听说越南政府亦打算因此禁止这种血汤在民间出售，可惜啊！

沙田凯悦酒店

沙田新界沙田泽祥街18号

电话：852 37231234

hongkong.shatin.hyatt.hk

La Colombe d'Or French Restaurant

House #59, Sukhumvit Soi 8,Klongtoey, Bangkok 10110

电话：02 2535556

内在美

关于什么是美什么是丑，喜欢做好人说得体话的，会说是见仁见智，没有一定标准。的而且确，这世界上有些东西可能是我的心头好，但对别人来说却是垃圾不如。别人的老公总比自家的英俊风趣，但换转位置你又可能嫌弃他鼻鼾太吵耳，爱曼联比爱你多，又或者他实在是太好太完美了，反而让你天天提心吊胆。总而言之，人就是这样，很多时全无自知之明却又贪得无厌，烦恼都是自找的。

再说美和丑，实在有太多人还是很天真很傻，深信“美”等同“善”，“丑”就是“恶”这种简单化的概念。小孩子从小就被白雪公主、小红帽等等故事荼毒，养成了是非黑白善恶都太分明的陋习。要知道，人世间几乎任何事情，都是浮游在模棱两可的灰色地带之上，孰善孰恶可谓一言难尽。许多时，就是因为我们太过拘泥于辨忠奸分正邪这种迷思，时刻都要标签好人坏人，最后可能适得其反；坏了好事都只有叹句可惜也就罢了，一旦不慎好了坏事，那就真正是十恶不赦，罪该万死。

所以，有时候我会想，所谓正思，其实都是实事求是的生活态度。凡事小心观察，不要被事情及事物的表象所蒙蔽，也不要只懂用自己的一套既有价值观和尺度来衡量。开放一点又开明一点，这样人生也可能会过得开心开朗一点。吃饭也一样，诸多顾忌嫌三嫌四，吃亏的最后不还是自己的食福。

相对于一般人来说，我想我不偏食的程度可以达至饥不择食的境地。若要跟自命嘴刁的矜贵食家们比较，那我的一张贱嘴巴就简直连垃圾桶都不如。基本上除了形貌太接近我最怕的蟑螂之外，一切什么奇怪不奇怪的东西我都会吃。生吃熟食绝对不是问题，茹毛饮血亦在所不辞，只要对身体无害的，我都不太介意吞下肚子里去。好吃的当然欣喜，难吃的也好好尽责完成。毕竟吃饭有如人生，不如意事十常八九，没有日常庸碌平凡的饭菜，到食神找上门之时你又怎能够真正啖出珍馐的百味？

奶 奶 万 岁

什么东西算得上是“怪菜”，在不同地区不同文化之间的差异可真是大。譬如说吃虫，在东南亚某些地区如泰国，乃至中国境内许多不同地域，都还有普遍地保留了这种饮食传统，昆虫仍然是最便宜及最容易获得的蛋白质来源，今天人们吃它除了为补充营养，也有把它当成特色美食来品尝，如广东人视“桂花蝉”为虫中极品，日本人也十分认真对待“蜂蛹”，韩国街头仍然可以找到用“蚕蛹”做的路边小吃等等,这些都是活着的例证。另一热门具争议性食物就是内脏。吃内脏是许多历史较长的民族的传统，因为内脏是便宜又好吃的营养品，而且从前屠宰一头牲口是件大事，所以宰杀后得来的每一个部分都不会浪费掉，而聪明的古人也钻研了许多方法来烹调这些形形色色的内脏,使它们成为佳肴。东亚、欧洲的人都乐此不疲，似乎只有新世界的大美国文化，才对内脏如此厌恶。

中国人大都以为洋人不吃内脏，其实如上所说，这可能只是美国文化普及所给予我们的错觉。天下间洋人又岂止得美国人一种？ 2009 年圣诞节前我到欧洲工作，顺道多留一天半吃吃喝喝放一个短假期。出门前早就被一部可靠的旅游书上介绍的一间餐厅吸引。那间叫 Viva M’ Boma 的小店，书上写着说是专门做内脏而闻名的。

图 6-1

Viva M’Boma 意思是“奶奶万岁”，也不知道是否真有一位老奶奶在厨房坐镇，只知端出来的都是诚实坦直的老派菜。比利时有一半人说法语，比利时菜也带有基础法国菜的影子，是一种较轻松平实的吃法，而且食材很有古风，这儿你可以吃到马肉排、羊脑和牛骨髓等等好东西。我第一次去光顾，问会说英语的侍应生，若果我想一次试尽最多的内脏，他会提议我点些什么。结果他拿来了一盘真正的"牛杂"，里面包含了牛睾丸、牛乳房、牛胰脏、牛腰及牛膝等等焖煮而成。这盘叫"choessels"的东西，简直叫我兴奋得差点从椅子上弹起来。每一部分明显是分开烹调处理，全部都做得恰到好处又各有特色。那包围着它们的酱汁，好吃得我想要一大碗白米饭来把它淘清光。因为实在太好吃的缘故，次日去机场前忍不住要再去吃一次。时间其实赶急得很，如此疯狂都因为这样地道的菜，根本没有可能再在其他地方吃得到。这也正是它最珍贵的地方。

爸 爸 的 活

过去半个世纪，全球大部分地区都受到外来文化的冲击。本土的文化渐趋薄弱，取而代之是一波新的世界主流文化浪潮。这浪潮某程度上令世界各地的城市越来越相像，渐渐失去了本土的原有特色。美式连锁快餐文化大行其道，因其霸道经营方式暴利生财之故，间接扼杀了不少地方传统食店的生存空间。最致命的可能是它对全世界人所使出的口味洗脑战术，利用大量广告来引起大众对它们的闷蛋食物的心理依附，令你的口味越来越单一化，对食物的态度越来越保守。几多百年以来我们的祖先因地取材而创立的丰厚饮食文化，不但是一下子被遗忘了，简直是被排斥被唾弃，要它在地球上乃至每个人的脑海中完全蒸发掉。

如此借题发牢骚，都是因为感同身受的缘故。相信许多人都会发觉，近十来年香港真正地道的民间小吃已经绝种。这就是推动“十三座牛杂”两兄弟创业的原动力，两位汤先生都是父亲做小贩卖牛杂供养成人的，无论在情感上或味感上都对牛杂有很深厚的体会。十三座牛杂的名字，也是因为汤老爸爸当年在柴湾村十三座外，推着小车卖牛杂卖至街知巷闻，因此沿用了这个老街坊为他们起的绰号。

我妈妈是牛杂的爱好者，小时候妈妈光顾街头小贩买牛杂串，总会给我吃一两口。所以那传统的牛杂味道是我美丽童年回忆的一部分，跟糖葱饼、臭豆腐和龙须糖一起，是我儿时老香港味道的“四大天王”。但自从上中学以后，香港的牛杂越来越不济事。公屋改建及政府打击小贩，令香港街头小食文化极速灭亡，近十多年来都没有吃过一口对味的牛杂。直到几年前发现了北角的一家小店，会给客人用不锈钢长碟盛着牛杂串来吃，一试之下，几乎感动得要掉下泪来，因为儿时的味道终于寻到了。

图 6-2

汤先生说他们的牛杂是用最原始的方法来清洁整理，不像现今一般用快捷省时的化学品来浸泡，所以十三座的牛杂，不论肺、膀、肚、肠，全部都保留了它应有的风味。加上卤水包的多种香料及药材都是逐一采购回来调和，有些药材甚至要远渡到内地去买优质的货，这一切一切都是做好一串牛杂所不可或缺的工夫，每一件牛杂都需要无数的经验，加上无限的关顾才能完成的心血结晶，当中的辛劳不足为外人道。当政府终于扬言要保育传统香港文化，不知道高高在上的官员会否了解这些民间小食背后所盛载的历史和情义，而懂得考虑去爱惜它、保护它呢？

Viva M'Boma　　Rue de Flandre, 17-1000 Brussels
Tel：32 02 5121593

十三座牛杂（北角店）　　北角英皇道413-423号地下铺（书局街新光戏院侧）
电话：852 35759299

有伤肝，无伤肝

有很多事情的正反对错，是很难用一条清晰得如一刀切的界线来划分的。很多历史、文化，或是民情民生的因素，会令到标准和价值变得含混，使人在衡量什么事应该做什么事不应该做的时候，感觉十分左右为难。

一个地方民族，传统上除了对生死这个终极课题充满忌讳之外，通常对“食”和“色”的禁忌也会比较多。又或者可以这样说：一个族群对另一个族群的误解以至排斥，可以从最表面、最无关痛痒的饮食或性习俗而起。我们现在常常要求一个“求同存异”的社会，可是我们的本性总是喜欢挑剔别人跟自己不同的地方，加以嘲谑、离间等等，来掩饰自己的不安全感和恐惧，乃至将之转化成仇恨，闹出许多完全不必要的纷争。

其他的我不懂，感受也不深，就是对食的禁忌和偏见，常常感到一种不忿。简单的例子如吃牛不吃牛，当中有宗教文化的原因，也有健康的原因。当然，我深信有人是不忍心吃所以选择不去吃，但从来没有太多人去推崇这种善心。牛，一如其他家禽家畜，被宰杀吃掉好像是它们的天职，是理所当然的事，死了也没有人哀悼它可怜它。换转是狗是猫，就一定会有许多人觉得恶心。我当然认同这种恶心是来自人类天然的恻隐之心。一只如斯可爱的小动物，为了满足某些人的口腹之欲而枉死，实在是非常残忍的。

但残忍归残忍，这其实算不算是一个道德问题呢？倡议停止捕食鲸鱼，虽是因为鲸鱼是濒危动物，有责任去保护，我不明白的是，有些以卫道为名的，去喊骂吃狗肉饮猫汤是残忍不道德的野蛮行为的人，控诉之余，却在晚餐桌上大口大口吃血淋淋的牛排。难道一头牛的命就比一头狗的贱？说狗有智慧灵性，可知道猪的智商远高于狗，却只得到千百年来任人宰食的命运？又例如西方社会有些组织激烈反对穿皮草，当然他们是有实据证明那些可怜的动物被残杀的事实，他们背后的精神理念也是绝对正面和正确。这些动物为了成就一件皮草大衣而被折磨至死，无疑是种罪行。但若果是作为粮食呢？是为了科学呢？如果被虐杀的不是人见人爱的小海豹，而是人缘较差的蛇虫鼠蚁之类呢？会否有人为了兴建大型楼盘摧毁蚁穴杀绝蚁群而抗议？为什么大型豪华楼盘要比皮草更有虐杀生灵的特权？

所以我最尊重佛门僧侣的饮食戒条，为了避免任何生命为他们做无谓牺牲，索性块肉不吃，不论猪牛羊马猫狗虫鱼，只只平等尾尾尊贵。我曾帮朋友煮了几次大闸蟹，亲手把一只又一只活生生的螃蟹下锅烧熟，心里其实不好受。每放一只都会暗暗地呢喃着："对不起螃蟹大哥大姐！"所以如果要讲道德，一就是不作伪善，全吃；一就是一视同仁，全不吃。这样才合理平等、诚实真心。

所以，我有时候也会想，嗜食如我者，也可能有一天会决定从此茹素，戒绝杀生。只是这样想的时候，通常都是肚子吃得饱饱的时候吧。

鹅 肝 道

吃狗肉无疑是残忍的，但原来吃鹅肝也是颇为残忍的一件事。

鹅肝是法国的传统食材，法文写成 foie gras，直译就是"肥肝"的意思。鹅是会跟随季节迁移的鸟类，为了准备漫长的飞行，鹅只会在起行前多吃一点，把能量贮存在体内，特别是肝脏，会因为暴食而比正常胀大一至两倍。古埃及人早已发现这个秘密，知道冬季的鹅特别肥美。后来法国人发展出一套强制喂饲的方法，在宰鹅取肝前的一到两星期，每天数次用钢斗把大量饲料塞进鹅的食道，并且逐渐增加喂饲量，令鹅肝胀大至正常的六到八倍。用这种方法生产出来的 foie gras，脂腴甘美，是上等的食材。虽然在许多地方，现在都有不再用强制喂饲方法养成的鹅肝，但根据法国的官方标准，还是用钢斗填肥的鹅肝才可以正式被称为 foie gras；天然储肥的只能叫做 fatty goose liver，质量也难与真正的 foie gras 相比。

硬生生把食物塞进去，养饲者坚称鹅并未有因此而病倒或受苦。这说法也很诡异：难道有人的腿因意外变得没有了知觉，就可以随意任人打它捏它用火烧它不成？所以这其实不是人道不人道的问题，是权力的问题。人没有善用自己的智慧，仅以此来对抗自然，鹅毫无还击之智与力，它是这场斗争的败方，只有任人摆布引颈待毙；狗和猫则有不知从何而来的运气，逗得人类的欢心，依附强权登堂入室。但有些当权的主子自私和善忘，做猫狗的一旦无故失宠，被遗弃或虐待之时，就真是生不如死，还不及做只猪做只牛，不用忧心吃的住的，时辰到都只不过是痛快一死，干手净脚，不用担心一旦失宠时要落得个凄酸献世。

应吃或不应吃，是一场很难有结论的争辩，吃与不吃其实是个人选择。选择不吃看似比较安全，因为没有要背负任何罪名的危机；但没有危机的生活，又怎会是有情趣的生活呢？假若选择了吃的话，那就应该好好珍惜享有的自由，同时应该学会去尊重别人，乃至其他生灵。也别忘了要好好地吃，带着崇敬的心，不要辜负了古人的饮食智慧，和那头为了你惨被填肥、舍命成就伟大饮食艺术的法国鹅。

甘旨肥浓

为了平衡一下前面一大段过分严肃的文字，也顺便探讨一下中西饮食文化交流以纾解分歧，就来看看中国厨师怎样把西洋鹅肝入馔吧。

我第一次见到鹅肝在中国菜的餐桌上出现，已经是上世纪的事。当年是1999年，因工作关系，我随关锦鹏导演及工作人员等，浩浩荡荡到九龙城方荣记。当时已流行用鹅肝做火锅配料，那天是我第一次放鹅肝在麻辣汤和沙茶汤里头涫，感觉奇趣得很，加上是导演请客，分外欢乐。

那一次辣汤灼“花瓜”的经验，着实教人难忘，也令我立志要继续寻找类似的火爆鹅肝吃法。终于给我找到一家在广州叫柏悦酒家的奇店。这店标榜的是自己专门以中式做法烹调法国鹅肝，网民说该店出售的鹅肝来自一所中法合资的饲养场，因直接入货所以又新鲜又便宜。做得到新鲜便宜，就已经合乎中国人的饮食精神了，再看菜牌，确实叫人目瞪口呆。这儿的鹅肝有煎、炒、煮、炸、焗、焖、蒸、浸、灼、辣等多种不同做法，还可做成点心，及各种粉面饭包饼饺盒酥等主食，一共有超过七十款选择，洋洋大观。

坐两小时火车到羊城，与两位友人到“柏悦”午膳，点了六款鹅肝菜式。质量及味道都只是不过不失，欠缺细腻。略嫌粗枝大叶的烹调，未能配合鹅肝既繁丽且细致的甘腴香；些微煮老了的鹅肝，也丧失了腻滑如丝的质感，十分可惜。不过菜单的设计的确有创意，就好像我们点了的“水煮黑木耳法国鹅肝”就很惬意；而“话梅汤沙葛浸法国鹅肝”更叫人击节。能够想得到用话梅和沙葛，表示厨师对法国鹅肝的特性非常了解，加上话梅和沙葛都是中式得很的材料，这个菜在概念上是成功的 fusion 菜。其他如“威化青芥辣法国鹅肝卷”、“法国鹅肝鲜虾仁焖柚皮”、“湖南剁椒胜瓜蒸法国鹅肝”及“凉瓜青黄豆浸法国鹅肝”等等，都很有嚎头，只可惜我们仨的肚皮一下子实在装不下那么多鹅肝。

图 7-1

吃过柏悦，心里头还是感觉空虚，回港后要再去香港四季酒店的“龙景轩”续战。龙景轩由前丽晶轩的总厨陈恩德师傅主理，搞的是精巧创新粤菜。德哥为人谦厚，未肯为自己创作的名菜邀功，只肯一本正经地赞叹材料上乘。如此着重选材，再加上创新的思维和胆量，令龙景轩自开业至今，尽得一众挑剔食客的青睐。一般而言，香港酒店的中菜厅，都只是“交功课”式的出品,可有可无。但在德哥的领军之下,龙景轩的菜肴制作得精细周密,绝对是一家出类拔萃的一流食府。在龙景轩吃饭就有如去听一场莫扎特的音乐会一样,平稳细腻之中不乏趣味感情,常青而不老。加上无敌九龙美景作陪衬,“龙景”送饭分外亲切清香。

如果柏悦是初生之犊,创意澎湃得有点忘形的话,龙景轩就一定是收放自如熟于其事的老师傅。龙景轩的鹅肝菜式不多,一味“鲍汁扣法国鹅肝”就足以压场。这道菜精简而佳妙,无瑕地实践了粤菜着重表达食材原味的精神。以蒸法制作的顶级法国鹅肝,完全正确地呈现鹅肝的原味。德哥的独门秘技,令鹅肝在蒸煮过程中,丝毫没有出现泻油及融化的情况。因此吃的时候只觉浓香,完全没有油腻的感觉,无须好像法式的做法一样,配以带酸味的果肉或醋汁来平衡油腻感。在这方面而言,德哥的技巧比法式传统的还要来得精练,因为他不但做出反传统的清爽口味,也给这种终极肥腻,被人认定为甘旨肥浓的食材还个清白,功德无量。

图 7-2

后 记

龙景轩的西材中用,除了一味“鲍汁扣法国鹅肝”之外,还有另一味更受食客欢迎的“松露菌蛋白蒸龙虾球”。它同样用蒸的手法，诚实地带出并提升了法国黑松露菌的独特香气，只一小片松露就有画龙点睛之效。我自己还是比较喜欢德哥的鹅肝，但也明白香港人对海鲜的钟情，这味“松露菌蛋白蒸龙虾球”的确是清丽脱俗得有如新娘的嫁衣，是用来讨女伴欢心的必然之选。

柏悦酒家

广州市越秀区农林下路4-6号东山锦轩大厦5楼

电话：86 020 87611188/87611668

龙景轩

中环金融街四季酒店4楼

电话：852 31968888

兔死“胡”悲

人类对其他生物的主观印象，有时真的难以理解。大象不知为何会令人觉得它“笨”；蛇又惨被《圣经》抹黑，变成了万恶之源魔鬼的化身，永不超生。狐狸也好不到哪里去，长久以来是西方童话故事中的标准坏人，是邪恶和狡猾的代号，被小朋友们集体唾弃；在中国就更化身成为狐仙，用来比喻勾引别人丈夫的妖女之余，也成为了难闻体味的代名词。狮子就不知是否因为鬃毛看起来够夸张，够多雄激素，为它赢得王者称号，也成为勇气和良心的徽章。还有其他无数的例子，如飞蛾彩蝶是冤魂、燕子不孝、乌鸦不祥、黑猫阴邪、家猪愚蠢等等，真是“欲加之罪，何患无词”。

其实这一次想谈的是兔子。很多人都认为兔子可爱，认为它们驯良、清洁、乖顺。记得念幼稚园时，老师见你的家课做得好、做得整洁的话，就会在评分旁边盖上一只小白兔的印章；若果做得“邋里邋遢”、乌烟瘴气的话，就会得到一只黑猪的印章作为惩罚。还有，以前一位舅母曾经养过一只白兔，我妈妈就叮嘱我跟小白兔玩的时候，千万别去摸它的肚子，说白兔的肚子是什么“玻璃肚”，给你一摸就会内伤，然后兔子就会不停肚泻至死，多恐怖。所以我都把兔子看成弱不禁风的公主一样，跟它玩也要小心翼翼，投鼠忌器，以免要它拉屎拉死这般惨。

至于吃兔肉，残忍不残忍从来都不是我的考虑，因为我常常觉得一就是有如佛教徒一样戒绝杀生，一就是一视同仁杀无赦，我着实无法领悟吃兔吃狗是残忍，但吃猪牛羊鸡鱼虾蟹却 OK 的道理。因此，在我未曾戒绝杀生之前，真正考虑其实是美味与否的问题。

兔子是既容易饲养又繁殖力高的动物。小时候爸爸常常提起一位朋友，如何在二次大战时求生的故事。这位叔叔相信是个馋嘴，在日占时期的香港，当大家都没有好东西吃的时候，他却找到一处隐蔽的阁楼，在那儿养起兔子来。兔子的生育旺盛，又快高长大，提供源源不绝的肉食，令那位叔叔在战乱之中，能以一味“姜芽炒兔片”来填饱肚子，兼且苦中作乐。

“姜芽炒兔片”听起来蛮吸引的，但实际上滋味如何，我就没有机会试过。相信很多人也跟我一样从未有机会试过。未试过的原因，大多是因为兔肉并非主流肉食的关系。事实上，除了有人觉得不忍吃它之外，我也有听过不少人埋怨兔子肉不好吃，说它又“削”又“臊”。在香港，没有市场自然就要人间蒸发，稍稍被认为是小众口味的东西，人们就急不可待要去跟它划清界线，哪怕是无关痛痒的野味，还是有血有肉的人儿事儿，总之赶尽杀绝。这种对人对事的态度，和思想狭隘落后的程度，比起吃兔子肉不知要恐怖几多倍。记得我还在念中学的时代，仍有很多冻肉公司会卖各式野味，有山鸡肉、黄麂肉、鹿肉等等，也常常有兔肉出售，整只兔子去了头和内脏毛皮，硬邦邦在密封的胶袋之中。现在要找兔肉，已经没有那么容易了。

川 流

虽说兔肉不是主流，但中国自古以来，在许多省地皆有兔肉入馔。李时珍在《本草纲目》亦说，兔肉有补中益气的功效；野兔在冬季咬食树皮，得金气因而内气充实，所以冬月的兔肉比较味美。无论这说法是真是假，我们一到秋冬时节，就有想去吃一下另类肉食的习惯。

不过，吃野味也不一定需要等到秋风起时。几年前的夏天，空气还是热滚滚的时候，我去了一趟广州。香港和广州只是一个多小时火车车程之隔，方言相通，但食文化却貌同实异。起码广州人就比香港人乐意接受和尊重外省菜。林林总总的地方特色食肆，在羊城比比皆是，而且卖的都是比较正宗地道的菜式，不似香港，四川菜、云南菜也要卖芝士肠、午餐肉和鸡翼，来迎合对自己国家饮食文化一无所知、俨如白痴的港客们的独特口味。

那一趟到广州，是想吃些在香港没有的湘菜川菜之类。回程前的一餐，为了方便之后上火车，就跟随朋友的介绍，到东站附近的天河区，一间有两位广州通都说“还好”的连锁川菜馆，叫陶然居。陶然居靠一味“辣子田螺”，由1994年在重庆市郊一家只有五张桌子的小店，发展成为今天全国性的巨型连锁，可说是近代中国饮食界的奇迹之一。

到陶然居，吃辣子田螺是指定动作，每桌都有一个紫砂制的田螺形盘子，食客们不分男女老幼，纷纷往盘子里去钻去挖，把特选生态福寿田螺一只一只地挖出来，可算得上是陶然居的一种独特风景。这个辣子田螺作为起家招牌菜，味道可以说是不错的。但那天晚上真正令我感到惊喜的，却是一碟兔子肉。

这一味教我这个对川菜寡闻少见的饭桶为之轻微惊叹的“蘸水糯皮兔”，是个小小的冷盘。素来喜欢点怪菜的我，在餐牌上一看到这味菜，就二话不说点了一份。这个糯皮兔的卖相，像极了早阵子在香港曾经时兴过的“东山羊”。一

图 8-1

片片兔肉整整齐齐地排在碟子上，全部都连着一层皮。这层皮单是看起来就够奇趣，因为在我的认知中，好像只有猪肉或羊肉做的冷盘，如熏蹄、白云猪手、肴肉和前面提过的东山羊，才可以做出如白玉一样莹润的一层皮。其实这爽爽白白的皮，是靠不停冲水，把血全部冲走而做成的。兔子本来就有这样的一层皮，只是我少见多怪。

至于“蘸水”，其实是云南菜和贵州菜的套路多于四川菜。蘸水是用来蘸着主料吃的调味酱，即是 dipping sauce，是一味菜的调味精神所在。所以这蘸水糯皮兔的兔肉基本上是原味的，不蘸蘸水的话，可以尝到很轻微兔肉的臊味。而这个蘸水是全晚辣度火力最猛的，跟纯味的兔肉是一个极端的对比。不过现在回想起来，蘸水的味道其实只属一般，这道菜令我印象深刻的，其实都只是这种白切兔肉的吃法吧。

意　味

自从那次在陶然居重新认识兔肉之后，心里头就萌生起多吃一点不同煮法的兔肉的欲望。后来忽然要去意大利工作，就顺道多留罗马两天，希望在没有压力之下跑跑吃吃。

之所以说希望没有压力，是因为上一次到意大利，吃的经验着实是不太美满。如此饮食文化深厚之国，食物怎会如此马虎草率和没有灵魂？全程最好吃的，竟然是酒店的早餐，这简直是对意大利菜的一种侮辱。这一次，我小心选择地点与时间，希望证明意大利首都的意大利菜，还是有它应有的气度。

这次去吃的地方，有好有不好，超级绝顶好的仍然欠奉，大体上来说都是可以的，不过总是这里那里有点点不足和遗憾。关于这个不谈太多了，还是多谈谈吃的吧。这次最有趣的经验，就是一天之内，在两间不同的餐厅里吃了两道非常相近的菜。第一间餐厅离开我住的酒店不远，只相隔两条街，在梵蒂冈城场附近，叫Ristorante Taverna Angelica，卖的是新派罗马菜。餐厅的布局很清简，却有些热带气氛，不知就里的还会以为自己走进了吃印度尼西亚菜或大溪地菜之类的餐厅。

那位不知是侍应还是老板的，把菜都解释得很详细。我点了一个色拉，一个意大利面，主菜要了兔子柳肉。通常吃主菜前我会先吃一点伴菜试试看，而那个伴菜的millefoglie di panzanella alla romano（罗马式生蕃茄肉面包千层）却很不济，立时令我对那些兔肉的期待减至最低。可是，那兔子肉却原来做得很不错。原条的兔柳肉，中间酿了Lardo di Colonnata，即是来自Colonnata的猪油。这片猪油的名气可不得了，被誉为世界上最优秀的猪油，皆因它是在云石造的罐中，经过古法腌制而成的，有其与别不同的性格味道。Lardo di Colonnata是从前意大利北部阿普安阿尔卑斯(Apuan Alps)的云石矿工们的食物，传统上是好像其他冻肉或香肠一样，切薄片放在面包上吃的。这餐厅把它酿在兔子柳肉之中，是聪明的做法，一来可以为容易煮得干瘪的兔肉带来一点油润，二来可以增加这道菜的风味与层次。

当我还在回味这道猪油酿兔柳之时，就在翌日中午，我竟然再次吃到同一味菜。这餐午饭是唯一我在起程前已经预先订好的，皆因这是罗马其中一间最厉害的、拥有米其林“星誉”的意大利餐厅，叫Agata e Romeo。这里吃的也是罗马料理，网上的评论很极端，一就是爱死，一就是骂个狗血淋头。

餐厅的气氛装潢等等，帅气是帅气，只是不知从哪儿漏出了一点点土味。饭厅里是轻微有点拘谨的，唯一好处是光猛。菜单上的价钱足以令人心脏病发，当时我就想，既然来了，就管他也罢，吃个四道午餐，只要不沾餐酒就是了。菜其实是做得蛮好的，是米其林星的应有水准。主菜我同样点了兔柳肉，伴菜的茄子泥就要比前一晚的panzanella好上百倍。兔肉没有猪油相伴，使的全是真功夫，做得更嫩更香。这出兔子肉的两生花，好戏还是在后头。

陶然居（天河店）	广州市天河区天河北路368号都市华庭4楼 电话：86 020 38815762
Ristorante Taverna Angelica	Piazza Amerigo Capponi 6, 00193 Roma Tel：39 06 6874514
Agata e Romeo	Via Carlo Alberto 45, 00185 Roma Tel：39 06 4466115

食蛇添足

“怪”这个字，时常有若符咒一般神出鬼没地激动我的情绪。可能是我的自卑病作祟，每每从别人的谈话内容当中，忽然间侦测到一个“怪”字不知从谁的牙罅中漏了出来，我就会立刻对号入座，选择相信别人是在批评一些弱势或非主流的人或事。于是，就算明明对原本的话题完全没有兴趣，也会突然“变节”，变得非常关心投入，目的只为神经质地去替任何怀疑被歧视、被边缘化的东西抱打不平，好令自己的私密怪癖，得以名正言顺地被自己的说话合理化、合法化。这种出于自私之心的善举，曾经是我心里面一根拔不掉的刺。因为没有勇气去接受自己的怪，而寄望自己可以装作“正常人”来替被看扁了的“怪人”行些侠义之举，以为这样就可以心安理得地戴着面具，在主流大世界中混过去，成为既得利益者的一分子。可惜，这个如意算盘其实是无法打得响的，因为到最后就算给你得到一切，也无法得到内心的自在和平安。每当夜阑人静，就无从逃避自己是活在一个痛苦的谎话中这个现实，日益自惭形秽。

所以，有一天我决定了要去接纳自己。不是表面上温温吞吞的说接受而已，是放开胸怀、放弃成见、无畏无惧的全盘接纳。令人意想不到的是，此举实际上是少数实行起来比想象的时候容易的事情，要做得到只需要诚实和勇气，而且一旦这两点做到了，就会发现自己的卑微渺小远远超乎想象，因为这个世界上会真心去介意你“怪”的人，原来只有你自己。从此，“牺牲小我完成大我”有了另一重意义，自己也终于可以洗尽铅华，张开毛孔呼吸一下自由的空气，眼光也可放大放远一点，不会再时刻被那不断乞求自怜自弃的心魔阻挡着，做人从此一目了然。我想外国人所谓的“走出衣柜”，大抵上就是这个意思。

怪肉余生记

先不要说爱好吃怪东西这回事，有时候就连不介意把日常餐单以外的东西放入口中，也好像会被某些保守派的朋友视做大逆不道。喜欢吃怪东西这种瘾头是要“出柜”的。每当饭局中有来历不明底细不清的陌生客人，点菜的时候便常会出现如此触目惊心的情景：十人桌上，一问之下发现甲不吃牛，乙不吃海产河鲜，丙一嗅到羊肉兔肉之类的膻味就要吐，丁是回教徒而戊又刚刚皈依我佛，己对一切有羽毛和爪的禽鸟类物体和它们的尸体都怕得不敢正眼去看，庚是淀粉癖而且完全不吃任何蔬菜，辛正在辟谷减肥，壬一点辣也不能吃而且极讨厌任何香料葱姜蒜荞之类的食材，而癸就是那个什么东西都吃而且受命负责点菜的可怜虫。这样的一个死局，教人情何以堪呢？还点什么菜，立刻离开，胡乱找个自助餐去吃算了吧。

因为不同原因，对不同的食物有所避忌是平常事，绝对应该予以理解和尊重。也不是说每个人都要去做个食物敢死队，对一切古怪异常的盘中馔都要抱有冒险精神，才是正确的用餐态度。只是，不同地方民族有自己千百年来建立的饮食文化，当中吃什么不吃什么，是有其历史地理和社会民生的原因。知多一点点，就可以对某国家或地方菜系有更认真和透彻的了解，小则增加吃饭时的情趣，大则减少因缺乏彼此间的交流和沟通而产生的文化冲击和冲突。

食 蛇 传

广东人在吃方面向来胆大心细。今天的粤菜，受了这许多社会上和生态环境上的急剧变迁所影响，实在已经有点面目全非了。不过,许多古老传统还有留下一些蛛丝马迹可循,就算在现代化的香港,我们仍然可以依稀辨认得到一些民间粤菜的传统风貌。曾看过一则新闻,是有关美国出版的《外交政策双月刊》(*Foreign Policy Magazine*)给了香港一个世界第五大城市的名誉,排名紧随纽约、伦敦、东京、巴黎,为亚洲地区排名第二的城市。报道文章中标榜香港地道特色美食,其中包括了"蛇羹"一项。外国人可能难以真正理解东方人"医食同源"的概念:吃下去的东西是为了"补中益气",对于老外来说,相信就有如巫师的迷汤一样迥异神秘。汤中还当真有蛇肉蛇骨,简直就有如传说中的魔幻世界一样逼真和刺激,难怪"食蛇"成为许多年轻外国游客来港时,朋辈间测试胆量的热门节目。

啖蛇肉饮蛇汤,虽然已有悠久的历史,而且在古代中国的医学文献中亦有提及蛇的药用价值和功效,但蛇肉始终都是一种非常规性的食材,并不为大部分中国人接受。林语堂先生就曾经写过,"……我在中国生活了四十年,一条蛇也没有吃过,也没有见过我的任何亲友吃过……吃蛇肉对中国人和西方人同样是件稀罕事儿"。虽然林先生不能代表所有时代的大部分中国人,但由此可以推测,可能会有部分中国人,对吃蛇肉这回事为之侧目,甚至会在外国人面前引以为耻,认为是落后的原始神秘行为。

我从小就吃蛇，也不怕蛇。我家虽然原籍河北保定，但已经三代在广州定居，文化基调上可以说是全盘粤化港化。记得小时候曾经到油麻地和深水埗一带的蛇铺看师傅活取蛇胆，也喝过生的蛇胆汁液，所以秋冬时节吃蛇，是一件自然得有如天凉加衣一样的平常事。人们觉得吃蛇奇怪是因为什么，答案恐怕不是三言两语就能说得清，也绝不是我这个历史文化的门外汉可以说三道四的。不过，我的确亲眼目睹许多传统粤港式民间美食，在过去十多二十年间销声匿迹，就以蛇铺为例，现在还每天即场宰蛇制药的，实在所余无几。

我所指的，不是装潢光鲜，以太史五蛇羹之类，加上各式捻手冬令小炒作招徕，今天已经演变成前线食店的蛇王酒家，而是养满一箱又一箱嘶嘶作响、黑黝黝的蛇，每天在铺头内被伙计们就地正法、取胆割肉的这种真蛇王。上环禧利街的“蛇王林”就是其中一家硕果仅存、有过百年历史的正牌粤式蛇铺。蛇王林店内每一位员工，都是与蛇共存了几十个寒暑的真蛇王。他们亲自拔掉一咬夺命的毒蛇尖牙，他们指尖在蛇身上一推就能立刻找到蛇胆的位置，他们剥蛇皮拆蛇骨更是不费吹灰之力。别以为去蛇铺只是为了随便吃碗蛇羹，其实蛇酒、蛇膏药、蛇油及蛇胆制的川贝陈皮等等有医药疗效的制品，才是蛇王林的真功夫所在，宰蛇拆肉交予酒楼去煮蛇羹炒蛇丝炸蛇碌焖蛇丸，只是利用副产品来讨些小

图 9-1

图 9-2

利，也别白白浪费了蛇的一身宝罢了。

图 9-3 蛇王林可以说是活化石，店内每一件东西，由饱历风霜的金漆招牌以至老而弥坚的木制蛇柜，全部都装载着近百岁的历史故事和人情冷暖。图 9-4 自制的蛇酒、蛇胆川贝等等，招纸和包装依然坚持几十年来的模式，平面设计都没有修改过，有些连上面印着的电话号码都还只有六位数字。掌柜的阿姐很友善，谈到蛇胆汁液的制品，得知我胃寒就送我一小瓶蛇胆胡椒。我立即口含两颗，果然腹中恍若回春。可惜保得住传统，挨得过社会变迁，现在却做不到承传。老一辈的师傅引退之后，恐怕这百年老店就没法找到下一代的新蛇王了，因为现在根本无人愿意入行，晋身收入低工作难并且前景淡的传统蛇铺从业员之列。掌柜对这充满传统特色和智慧的文化遗产步向夕阳工业的命运，都只有摇头叹息，叹息政府没有重视本地传统文化的培育和保存工作。我边拍照边听她的一番唠叨，突然觉得在这儿按下每一下快门的意义都十分重大。将来我们的下一代，可能只有在影像中，才有机会看到这种可谓举世无双的神秘饮食文化的真实面貌。

蛇王林　　上环禧利街13号地下

电话：852 25438032

马鹿野郎

不瞒大家说，我念大学的时候曾经修读过日本语，连暑期速成班一共修读了三年分量十八个学分，中途不但有随校到日本天理大学参加过日语研习暨生活体验暑期课程，还曾经和当时非常受欢迎的校园清纯组合“梦剧院”其中一位成员刘文娟同班。不过我当年是个荒唐大学生，天天跷课夜夜笙歌，所以一年间的课堂也没有见过刘文娟和其他同班同学多少次，最后当然也因为疏于温习而成绩欠佳，可以说是白白浪费了自己和老师的时间。现在，日文大致忘记得八八九九，连要读懂东洋泡面包装上的煮食方法也有相当大的困难，本来已经是不学无术的伪武功，现在根本就是完全废掉，只是还认得几个假名，和懂得用日语对别人讲：“我不会说日语。”

当年在香港中文大学除了日语，还有法、德、意等等热门语文给本科学生来选择修读，当然还可以选修普通话。在中文大学学这些语文基本上要求颇高，功课不但十分艰涩，分量也相当之多，课程的进度亦一日千里。举个例子，上日本语最初阶的第一节课，老师也不管你有否接触过日语，一开口就全用日语授课，只有到完全无法解释得明白的时候，才补上一两个英文单词来辅助。第一节课就教完所有片假名和平假名的发音和写法，回家立即要疯狂誊写，因为一星期后要全部记住。平常外面的日本语课程用一个月时间才能完成的，中大用一节课就搞定。很多同学都追不上进度，第二节课就消失了。

除了香港本土的学生学外语，当时也有许多从世界各地来的同学，在中大学习中文，包括学习广州话和普通话。有一种说法，就是学一种语言，先从脏话开始学会事半功倍。这个理论当然是搞笑多于认真，但实际上我们去学外语的时候，又的确会在很早阶段就接触到文法和词汇上都颇为高阶的粗言秽语。就说当年在中大，大部分从外国来学中文的交换生都是不足二十岁的年轻人，外貌刚过了青春期，但思想仍然停留在肛门期，对一切有关屎尿屁和两性器官交合动作的语句都爱不释口，三字经炒虾拆蟹琅琅上口；而中国人同学们也倚仗文化交流这伟大使命，肆无忌惮大说脏话，惨绿青年的长期性压抑难得如斯口舌释放，可怜兮兮之余，也不失为一种青春的龌龊乐趣。

指马鹿为鹿

那我当年学习日语呢？有没有先从脏话入手？说到这个先不得不说明两点。其一，就是当时学日语的同学大部分是女生，老师学长全都是女多男少。不是说女子不说脏话，但绝对不流行随便就跟男生们絮絮不休地问候别人的祖宗十八代。其二，信不信由你，虽然对于许多人来说，日本是一个对性这回事表现得非常重口味的民族，但在当代正统日本语言当中，是没有和性交或性器官有关的骂人脏话。他们最普遍的骂人语都只是一句“马鹿野郎”，用片假名写出来是“バカヤロウ”，日本语发音为bakayarou，用广州话来念的话，发音就有如“百家也乐”，挺正面的。这句骂人话其实只不过是“正一蠢才”或者“傻瓜”之类，以中文来说几乎是温馨的戏谑之言而矣。

为什么“傻瓜”是“马鹿”呢？日语老师当然不会在课堂上教这些，问日本人朋友又大都表示爱莫能助，正如一个外国人忽然来问你，为什么我们耻笑为娼的是“老举”、“做鸡”一样，一般人只懂得骂而不会去深究这些粗俗词语的历史文学背景。今天也不是要谈这个日文的傻瓜由来何处，反而是想讲一讲有关中文“马鹿”这个词语。可能因为第一次接触“马鹿”这两个汉字，只知道它是个日本语的词汇，所以从来没有想过把它当成中文来理解。一直到最近一次回加拿大过圣诞节，吃到一味用 elk 这种动物的肉来做的食物，回家心血来潮上网一查，赫然发现原来 elk 就叫做“加拿大马鹿”，这才知道原来真的有一种鹿是叫做“马鹿”的。这种马鹿是否傻瓜，又或者和“马鹿野郎”有没有关系就无从得知，只知道加拿大马鹿是一种主要生活在北美大西北方的洛基山脉和中国北方至蒙古一带的巨型鹿科动物。在鹿之中，它们的体形仅次于驼鹿，亦为北美和亚洲东部其中一种最巨型的哺乳类动物。

加拿大马鹿的肉，并不是一种常规性的肉类食材，有点像我们中国人说的“野味”，英文叫做“game meat”，即是从前在野外打猎得来的各种野生动物的肉和内脏。吃野味通常有季节性，也有许多时候会将野味做成的菜式看成一种珍馐，隆而重之。加拿大马鹿肉，跟大部分野味的肉一样，都是脂肪含量较常吃的猪牛鸡肉为少，蛋白质亦较为丰富，味道口感介乎牛肉和常规的鹿肉之间，精瘦而浓郁。那次和马鹿的邂逅，缘于温哥华市一著名市场格兰维尔岛公共市场(Granville Island Public Market)内，一间十分出色的肉食店 Oyama Sausage Company。那天下着冬雨，到格兰维尔岛时天已经全黑，逛着人流稀疏的室内市场，看到 Oyama 的冰柜放了许多鲜制的香肠。同行友

图 10-1

人是食品业行内人，向我推介他们的出品，我立刻瞄到这个 lingonberry elk sausage（越橘马鹿肉肠），二话不说就买了一双，再加两尾 Toulouse sausage（图卢兹香肠），高高兴兴地带回家。翌日早上，急不可待把那马鹿肠香煎来做早餐。越橘的天然姹紫，加上马鹿肉的嫣红，令香肠有着惹眼的鲜猪肝色。马鹿肉本身十分精瘦，这香肠成功把肉汁都留住了，吃起来完全没有干巴巴的感觉。越橘的微酸正好映衬马鹿肉浓鲜的原始肉味，令这特别的香肠来得粗中有细，称得上是精致美食。这越橘马鹿肠的质素，证明 Oyama 果然是温市其中一家最有办法的先进肉档。

刺　马

马鹿肉可制作成精美食材，鹿肉也是世界各地传统的野味良品。其实马肉也是许多饮食文化源远流长的民族的盘中馔。又以人人信服的法国菜为例，相信喜欢光顾高级法国餐厅的高级食客，都有点过 steak tartare（鞑靼牛肉）这道菜。Steak tartare 的材料是细剁的生肉和生蛋黄，生肉通常是牛，也有如尖沙嘴凯悦酒店 Hug'o s 用生羊肉做的。但其实在法国本土，从前有许多地方，传统上是用生马肉来做 steak tartare 的，因为生马肉肉味较浓。虽然现在大部分法国餐厅都不会再用马肉来做这道菜，但马肉 steak tartare 的而且确是一道名留食史的经典菜。

我有两次吃马的经验比较值得和大家分享。一次在比利时，另一次在日本。比利时毗邻法国，食物上受法国菜影响颇深，而且保留较古老和平民化的肉食菜式，如牛羊的内脏入菜、广泛食用野味和拿马肉来做主菜等等。那次去首都布鲁塞尔工作，一群港人傻兮兮地站在市中心名胜“大广场”，又冷又饿，明知道广场上的食肆有游客陷阱之嫌，也顾不得那么多，大伙儿笔直走进其中一家样貌看来比较老实的餐厅。结果出乎意料，食品不算昂贵而且品质还好，菜单上也有许多传统比利时菜式。同桌的大部分都是心态开放和乐于尝试的进步人，我们毅然点了马肉排拌比利时式薯泥 stoemp 来试吃，本来以为精瘦的马肉用来当牛排一样煎，肉质一定会干得难以下咽。事实上那块厚厚的马排不但一点也不干瘪，还出奇地水分充沛、肉香四溢。

在许多民族的文化中，吃马肉都是一种禁忌。文化传统深且强的日本，吃马肉却是等闲事。日本人给马肉起了一个十分美丽的名字：“桜肉”（sakuraniku），是因为生马肉的嫣红令人联想起春日华美的粉红色樱花。马肉最常见的是用来做刺身生吃，叫做“馬刺し”（basashi），也有串烧或烤肉的吃法。不过我印象最深刻的，是有一次隆冬到东京，两位非常要好的日本朋友带我到一家创业于1897年,叫“みの屋”(Minoya)的马肉料理专门店，在那里吃了平生第一次的日式马肉火锅“桜なべ”(sakuranabe)。这个樱锅不像中式火锅或者日式“砂煲砂煲”，而是比较像sukiyaki和烧肉之间，在台面上自己一手一脚把马里脊肉或马柳肉和多种蔬菜，放在浅平的铜锅中用特制的酱汁明火烫熟。马肉的生熟程度可以随个人喜好来控制，这是火锅形式的最大好处。用这个方式吃马肉，免除了煞有介事地把马肉当成一些什么怪诞异类，只是很平实地去吃，尽量彰显它自身味道的特色，注重保持肉质的松软嫩滑和加入适度的调料来增添风味个性。锅里的肉吃完了，再打一个鸡蛋下锅，和合锅底的肉汁酱料，然后加一小碗白米饭伴着吃，丝毫没有浪费，非常之冷静和文明，跟一般人印象中吃马肉所代表着的横蛮及偏邪好像完全没有关系。我不是说吃马肉不残忍，然而，吃任何肉都代表着要残杀生命，我也不明白为什么有些生命要比其他的矜贵些。在未能食素之时，是否应该放下迷思和成见，多认识一下现实世界，才好为自己和别人口味喜好上的落差，去做正确的道德判断?

图10-2

みの屋	东京都江东区森下 2 丁目 19 番 9 号 电话：81 03 36318298
Oyama Sausage Co. on Granville Island	126-1689 Johnston Street, Vancouver BC, V6H 3R9 Tel：604 3277407

块肉茹生记

偏见是好可怕的。

香港人大概从上世纪 80 年代起，就开始大量聘用外籍佣工，来处理没完没了的家务责任，包括所有清洁打扫收拾，还要带小孩、看长者，最重要的是制作一日三餐这个神圣任务。香港地方矜贵，家里如果要住一位佣人，对空间的运用肯定会增加不少压力，所以一般小康之家，就算有幸拥有三房两厅面积过八百平方尺的中型居所，都很少会有“佣人房”这个奢侈的设施。许多时，为了方便海外佣人在家留宿，又不想他们跟小孩或长者同房的话，都会把厨房改建一下，加一个细小得只能容下一张床的空间，甚至在灶底下做一个“棺材床”一样的装置，都有听闻过（不过没有亲眼看见，所以不知道是否只是夸张其事）。如果这些做法是实情的话，那么这一群离乡别井的家务外援，其实是生活在我们的厨房之中，跟我们的灶君老爷关系异常密切。

今天，无论印佣泰佣还是菲佣，大都对港式中国家庭菜拿捏得颇为精准。可能是近水楼台，得灶君老爷的眷顾，烹饪之事，由去市场买材料开始，到如何运用各种传统厨具和调味料，乃至应时应节食品及各种中国人用餐上的习惯和禁忌，他们都有一定程度的认识。当然，不是每位外佣都在厨艺方面表现出色，也有相当不济事的，不过亦确实有许多尽得前辈主妇真传的“料理达人”，隐身在全港各区的平常家庭之中。讲了这么久，不是想讨论“外佣菜”怎样了得，而是想说香港人一般还是不能相信外佣煮我们的住家菜，会比得上婆婆或妈妈们的手艺，包括我自己也有这种偏见。有一次，到朋友家吃饭，吃的是传统上海家常饭菜，冷盘很出色很正宗，热菜却没有冷盘的好。主人家是上海人，当时我也不是要去拍什么马屁，只是很由衷地表示，冷盘那么出色那么正宗，一定是主人家亲自下厨预先做好的；热菜不济，莫非是家里外佣的东施效颦？怎料主人家却说，全部菜都是那位经验老到的菲律宾女佣的作品。冷菜是预先做好的，热菜是当日刚刚收到来电，得知在家乡的姐姐生病之后煮的，可能因为牵挂亲人所以失准。我听罢立刻感到无比的惭愧，饭后找个机会认真地向那位佣人道谢，告诉她她做的上海菜比许多上海人家还要好，她听了很满足地微笑，我的心也比较过意得去。

光怪陆离

偏见也可以是很可笑的。

身为土生土长的香港人，我对这个地方的畸形生态已经见怪不怪，只不过有些事情无稽到一个程度，还是会教人哭笑不得。港人不重视知识文化，变成一个个昂首阔步的反智无耻大恶霸，是过去这二十年一个可悲的现象。心里头没有一滴墨水，人又懒惰又不负责任，但又要充品位充气派，唯有追求借回来的即食假优雅。从前时兴往自己身上贴金，把牌子行头乱七八糟地披搭一番，好堆砌出虚幻不实的优越感，遮蔽那自悲自怜的骇人病容。今天，这个绝技似乎已经完整地被内地的富一代富二代传承过来，在世界各地发扬光大。港人已不知不觉间从外转内。别以为这是读书风气的复兴，所谓“内”，只是把虚荣从服饰转到食物去罢，新瓶老酒、恶心依旧。近年的所谓“潮食”话题在媒体中大发神威，风头一时无二，原因肯定是有市场有看官吧。我相信起初挪用“潮食”这个词语的原意，只是为了吸引读者观众而夸张其事的一句戏言，是拿它来玩玩而已。但心灵空虚的港人却罕见地集体认真起来，把这些贵价新潮出位稀有的餐饮项目，乃至提供它们的餐厅和创作它们的厨师，都当成神明一般来侍奉——不是一种理性的赏析，而是人云亦云争先恐后的盲目崇拜，迷信吃了上等菜就会变成上等人，光顾潮食店就等于跻身潮流先驱之列。这种渴望不劳而获、为颜面而过活的心态，可能已经暗地里成为许多当代香港人的生活信条。

有一次我和无敌食友何山谈起一个惹人发笑的怪现象。那天一大班朋友相约火锅聚会，在点火锅配料的时候，礼貌上都会问一下在座各人有没有什么食物敏感、禁忌或喜恶。我们继而谈起哪些是港人乃至世人的热门厌恶性食物，结论是一般大众觉得“奇怪”、“少见”的，以及味道、质感、外观都特别有性格的，通常都会不幸地被列入黑名单之中。这当然包含了个人的真正喜好，属于完全不为外人道的个人选择，所以是应该毫无保留地备受尊重的。可是，在更多情况下，其实不吃某些食物是出于对那种食物文化的不了解，是偏见令人对某些食品却步，跟世界上一切对人对事的偏颇眼光同出一辙，都是因不明白而害怕，再把害怕放大变成嫌弃、憎恨甚至仇视。何山举了一个很棒的例子：许多人都不吃内脏，表面上有很多理智的原因，诸如内脏不干净、对身体不好等。但许多这些声称拒食内脏的人，却又对被传媒吹捧为高级食材、不吃就代表你不懂享受人生的法国鹅肝来者不拒、甘之如饴。为什么会有这种双重标准？难道鹅肝就不是内脏？难道鹅肝就要比我们的及第粥对身体更有益？难道鹅肝就要比我们金银膶（把鸭肝中间挖空，把一块腊制的猪肥膘塞进去，是广东腊味的一种，广州人把“肝”叫作“膶”）来得干净？

另外一样热门的被嫌弃食物就是生肉。其他文化我不敢说三道四，就我自小接触的南中国家居饮食文化而言，吃生肉并不是种罪行，但长辈多数不鼓励，原因有二：其一是从南方人传统养生的角度来说，一切生、冷、寒、凉的食物，都是少吃为妙；其二主要是卫生问题，尤其是生的猪肉和海鲜河鲜等，怕吃了会生病。所以，不提倡吃生肉是基于实质的健康考虑，而并非对生肉本身有什么禁忌或者厌恶。对于第一项忧虑，只要有良好平衡的饮食，偶尔吃些生冷也许使你心情舒畅，对健康另有一种好处也说不定，但就一定无伤大雅。至于第二项，我们今天处理食材的科技已经不可与我们老祖宗生活的年代相提并论，我们现在去吃优质猪排都会吃八成熟，日本还有吃鸡肉刺身的传统，也鲜见有人吃了这些“生猪肉”和“生鸡肉”而食物中毒。

生 之 欲

吃生肉也有学问。日本人或南中国以至南亚诸国都有吃生鱼肉的悠久文化，如广东的鱼生片，新加坡、马来西亚的捞起和日本的刺身，虽然不用烹煮，但刀功和调味非常精细，功夫绝对不比开火烧菜简单。西方也有生吃肉的菜式，最有名的相信是“鞑靼牛肉”(steak tartare)，香港人称之为“生牛肉他他”。这个原来用生的马肉，现代多数用上等牛肉来做的菜，名字的由来据说和来自戈壁沙漠的鞑靼人有关。传说善于骑马游牧的鞑靼人不方便停下来生火煮食，所以发展出吃生肉的习惯；另一更神化的说法，是一天到晚都在马背上过活的鞑靼人，把生肉放在马鞍下，好让马行走时的动力把生肉打松，晚上就好拿来加上香料调味生吃。而欧陆人和这道菜的渊源，据说是因为对鞑靼人的骁勇善战又敬又畏，想从他们的饮食去探索其精勇神力的来源，于是把生吃肉的习惯偷学了，慢慢发展成steak tartare。

今天steak tartare已经不再是蛮夷的食物，反而登堂入室成为了一味在传统高档西餐厅中才可以品尝到的名贵菜式。从前在香港，一提到steak tartare，老饕们自然会想起尖沙嘴乐道凯悦酒店的Hugo's(希戈餐厅)，那里的steak tartare有两大卖点：一是全个制作过程，由富经验的侍应或厨师在客人面前完成，当中客人可以随意要求各种调味料的多寡，迎合自己口味上的喜好，而且还可以在制作过程中试味，确保制成品能满足客人的要求，是一种传统欧陆式餐厅独有的服务。另一大特点就是除了用生牛肉之外，客人还可以选择用生羊肉来做这个steak

图 11-1

tartare，令食味更富历险性，增添所谓的“异国情调”。后来乐道的凯悦酒店拆毁重建，Hugo's 因此消失了一段时间。2010 年凯悦终于在距离旧址不远的地方重开，原有的餐厅大部分都保留下来，在新址以新面貌示人，Hugo's 当然是其中一家，连旧店内的标志性摆设都重现新店之内，这份心思很值得欣赏。菜单虽然略有调整，但从前的名菜大致上保留下来，例如这个 steak tartare 就是其一。不过现在只做生牛肉的，要事先预订才可选择用生羊肉来做，馋嘴鬼们就一定要注意这点啊！

后 记

鞑靼人曾经征服欧亚大部分地方，所以韩国有被鞑靼文化影响过也不足为奇，而我对韩式生拌牛肉和鞑靼牛肉之间一相情愿的美丽联想，因此也并非完全天马行空。不过，无论两者有否关联，“肉脍”（韩式生拌牛肉的正式名称）的确是跟“鞑靼牛肉”有异曲同工，甚至“同曲不同调”之妙。两道菜都是把不同的调味料与切细的生牛肉和生鸡蛋黄拌匀，“肉脍”的最大特色就是加入生蒜和沙梨，这不但令味道和口感变得更有趣，沙梨中所含的酶是天然的 meat tenderiser（松肉粉），能令肉质感觉更松嫩可口，因为从没有吃过所以不吃生肉的朋友，真是错过了宝。

Hugo's　　九龙尖沙嘴河内道18号香港凯悦酒店
电话：852 37217733

梨花园（总店）　　九龙尖沙嘴加拿分道25－31号
国际商业信贷银行大厦8楼
电话：852 27226506

九千岁

说甘国亮先生是香港电视剧界的第一奇才，相信绝大部分港人都会举脚赞成。甘先生编导监演的无线电视剧集，可能不是最卖座最高收视率，但就肯定是艺术成就最高、最隽永的，而且题材独到，剧情妙趣横生。除了时至今日依然迷倒众生的几出经典，如《山水有相逢》、《不是冤家不聚头》和《执到宝》之外，我那时候最钟爱的是一出叫《无双谱》的古装民间奇情剧。我自小就被一切神怪魔幻的故事深深吸引，四大奇书只读完了《西游记》；三更夜半偷看《民间传奇》回放，也偏爱取材自《聊斋志异》的段落；连《哈利·波特》大电影也看得津津有味。所以这个《无双谱》剧集的题材和气氛完全正中我下怀，简直教当年的我看得如痴如醉。这剧是由三个人物互相关连的故事组成，其中有一群水族神仙，是串起全剧的主角，当中由已故演员刘克宣先生演的龟精“九千岁”，给我的印象最深刻。龟精之所以被称为九千岁。

是因为大家都尊敬他修炼的“年资”最长，有足足九千年的道行。在中国神话中三千年已经算是道行很高的老妖怪了，难怪剧中的九千岁在水族兄弟姊妹中如此德高望重。

甘先生的剧集，用了龟精这角色来背起九千岁这个名号，不知是否有出处，但就肯定符合中国人传统上对龟这种动物的一贯看法。中国文化素来都爱用不同的生物来代表一些抽象的命题。例如老虎代表威猛、猴子就代表淘气；蜜蜂是团结勤劳，骆驼是任重道远。这些概念在我们毫不察觉的情况之下，深深植根在我们的集体意识之中，成为了文化的一些基础。在众多真真假假的珍禽异兽之中，有些地位特别崇高。譬如传统上有所谓“四瑞兽”，分别是龙、凤凰、麒麟和龟。他们都象征着祥瑞，当中龙代表能力，凤凰代表生命，麒麟代表灵性，而龟代表守防。有趣的是，四瑞当中，除了龟之外，其余三瑞都不能在现实世界中看得到，只是一种意象和概念。只有龟，是我们能够实在地触摸、亲近和去认识的“活宝贝”。

灵　物

中国人向来视龟为灵物，我想跟龟鳖类长寿的特性有很大关系。在一般天然生态环境中生活的龟，其寿命最长可以达到过百岁，有些品种甚至有近二百岁的纪录。龟和鳖都生有坚硬的甲壳，大部分龟鳖目物种，都能够把首尾四肢完全收入甲壳之中，为自然界其中一种上佳的抵御策略。因此，自古以来中国帝王的宫阙陵墓，都常有以龟来作装饰的例子，寓意一壁江山坚固久长。龟的甲壳也被认为是具灵性之物，在远古时期已经广泛地用于祭祀卜算之事上。而且中国最早的语言文字，都是刻在龟甲上的，那就是我们其中一样最重要的历史文化遗产“甲骨文”。由此可见，我们今天看来无甚威仪的龟鳖类朋友，其实跟我们的文化可以说是有着深厚的渊源。若果要选一种跟中华文化最扣扣相连的生物，相信龟一定能够入选最后五强，甚至会胜出。

但中国人从来就是这样“实际”的。一方面政教权贵对龟有着如此崇高的敬拜之情，但在民间社会，这些什么祥瑞不祥瑞固守不固守的名目，压根儿搔不着百性的痒处。众人只见龟鳖行动迟钝缓慢，遇敌只懂得把头尾都藏起来避难，所谓“缩头乌龟”，就是没出息的代表。还有个经典的骂人话“王八蛋”，也是叫可怜的乌龟无辜地受了牵连。因为“王八”是龟的俗称，又同时是妓院中的仆役或老鸨的男人的谑称，亦可代表鼠贼之辈。所以骂人是乌龟王八蛋，即是骂他是这些下流人所生下来的杂种一样，非常不饶人地恶毒。

不过无论出口如何恶毒，也不及干脆食其肉饮其血来得凶狠。中国人的实用主义实在令国人百无禁忌得可以。印度教视牛为神圣，信奉者因而不杀牛更不啖其肉；中国人早奉龟为“圣兽”，又认为它寓意吉祥、灵性超凡，这般那般一大堆冠冕堂皇，转过头来只要你肉质鲜美，就懒理什么神兽圣物，一于照吃无误。中国人素有吃龟鳖的习惯，这事可谓证据确凿。《诗经·小雅·六月》就有提道：“饮御诸友，炰鳖脍鲤。侯谁在矣？张仲孝友”；《大雅·韩奕》亦有记载：“其殽维何？炰鳖鲜鱼；其蔌维何？维笋及蒲”。由此可以确定地说，中国人早在先秦时期，就已经把鳖纳入食材之列，贪其味美。至于龟，人们似乎是对它的药用价值有兴趣多些。《本草纲目》中的《介部》有提及龟的用法：“通任脉，助阳道，补阴血，益精气，治痿弱”，所以中国人吃龟保健是一桩历史事实。

灵 药

遥远的且不说，就广东和广西地区而言，讲到龟甲龟肉入药，就有驰名遐迩的龟苓膏/龟苓胶。事先说明，我不是中医也完全不懂中医药的理论，所以只是纯粹从好奇的角度出发，来窥探一下这既熟悉又神秘的民间食品。中国人一向都有所谓“医食同源”的概念，认真地实行的话，是根据个人的体质本性和当时的身体状态，配合不同的食材药材和一切介乎这两者之间的用料，以能有效和适当地融合再带出各种材料的疗养价值的烹调程序，把各种特选特配定质定量的食材，变成一道又一道复合的菜式，最后在适当的时辰进服。这些既是食物又是药物的馔膳，作用是把身体调节好，使阴阳维持在平衡的状态。因为中国人相信，一切身体的毛病，都是由于体内的种种失衡所致。

所以，如果依书直说的话，龟苓胶这种据说源自金钱龟之乡广西梧州的名药，它的两种冠名材料分别为龟板（即龟的胸甲）和茯苓。龟板龟肉滋阴，茯苓解毒，配合其他各种不同药材熬制的成品，因龟甲和龟肉中含的丰富动物胶，加上茯苓本身的凝胶性，会自然形成膏状。这些黑褐色的膏状药品，一般认为有清热解毒的功效。凭借民间智慧来选用的话，大家都会在感觉自己“热气”之时，就去找龟苓膏或龟苓胶来吃。我当然不会断言这样随便地去吃药是否正确（龟苓膏的确是药），因为人人对自己身体的感觉都不一样，加上信念和习惯亦有异，亦受着传统上医食合一的养生概念影响，大家许多时都会不自觉地扮演起自己的医师的角色，在选择吃什么的时候，以自己的身体状态和体质作为依据，认为自己“热气”就会自动自发地去吃些什么不吃些什么。这也是我们的文化特色，是一件好事。不过我的见解是，一般

图 12-1

食物纵使性质不同，之间都只是一些温和的差距吧，多吃点少吃点无伤大雅。但好像龟苓胶这些的而且确有药性的药物，似乎不应该随便去吃，更不好长时间稳定地当做一个疗程般去吃。我自己在吃之前，就尽量会先寻求医师的意见，以免吃错了弄巧反拙，良药变成了毒药。

当搞清楚了，知道了自己的体质适合服用龟苓膏及龟苓胶之后，接下来的重点就是去找品质好的货。在香港，凉茶铺文化依然昌盛，大大小小的店几乎每个街角都有一家。我自己就比较喜欢光顾一些从材料搜购至制作药胶都是一气呵成的独立店铺，位于太子有几十年历史的兰苑饎馆就是一个很好的例子。“兰苑”的龟苓胶和龟鳖胶，其凝胶状态很自然，药味很浓而且很集中到位，吃过后的回甘也十分实在。要达到这个效果，店主陈先生解释，只有靠材料和工序方面的严格精准。所以，虽然这里的出品要比外边其他大部分店铺都要贵，但以兰苑交出来的水准，我就觉得确是物有所值的。跟我有同一想法的明显大有人在，因为拍摄当日，短短的半小时就有许多客人特地来吃药胶。他们全都是识途老马，跟陈先生有讲有笑，吃完了一个个满足地离开。还有一件事情令我看到店主对自己出品的执著：兰苑也有做小菜甜品的，而且标榜家庭式原口味，不放味精。厨师每逢星期一放假，从前店主是会找人来顶替的。但替工总没法做出满意

图 12-2
图 12-3

的水准，于是老板索性从此星期一就只卖药胶和甜点算了。拍摄当天刚好是第一天实行这个新措施，眼看老板把一个又一个来吃午饭的客人请走，心里好生敬佩。我们实在需要太多好像陈先生这样，一心只想把事情做对，而不只看短暂的眼前得失的人。单凭这一点，我就知道这家小店确是一个好去处。

后 记

我们中国人吃龟为补身，西方人其实也吃龟，他们的原因更纯粹：只为了口福和派头。讲的是西餐中的经典菜海龟汤（Turtle Soup）。这道富传奇色彩的汤，是20世纪初欧洲上流社会宴会中必备项目之一。在丹麦著名电影《芭比特的宴席》（*Babette's Feast*），亦绘声绘影地出现在一次极不寻常的法式盛宴之中；连“诺贝尔奖”的皇家晚宴，都有许多年选了这个汤来侍奉得奖者和世界各地的贵宾。这个汤的传统制作过程极之繁复，材料和调味香料十分多，很难平衡各种不同材料的味道。而且这个汤动辄要用上过百磅的大海龟，从前这是一个材料稀有昂贵的问题，今天这几乎是个滥捕濒危物种的道德问题。所以，现在相信再不会找到海龟汤了，有的都应该是用小牛头肉和甲鱼加上Sherry酒或 Madeira 酒煮成的清汤。老实说，这个现代版并不一定不及原装正版美味。在香港想喝海龟汤的话，可以去跑马地的老牌法国餐厅 Amigo，那里每天新鲜供应。

兰苑饎馆　　九龙太子西洋菜北街318号集贤楼地下
电话：852 3811369

Amigo Restaurant　　跑马地黄泥涌道79号A
电话：852 25772202

Ch5

怡口小食

鸡蛋奇案

“蛋”也可不是一个等闲的题目。我们差不多天天都直接或间接地吃蛋，实在普通得太过理所当然了，理所当然到一个地步，有时候就连对蛋的基本尊重也荡然无存。那就不如先替这被人漠然置之的蛋翻翻案吧。

蛋 之 生

蛋，无论如何都应该是好的了吧，它代表生命。在香港，从前家里添了婴孩，奶奶就会弄一大埕猪脚姜甜醋。这一大埕姜醋中最受欢迎的，不是猪脚不是姜也不是甜醋，而是作为绿叶的鸡蛋……

鸡蛋放开水中慢煮至全熟，搁凉后去壳，一个一个圆圆满满地放入煮好的姜醋中，放两三天就可以吃。几天内吃不完也没关系，蛋在醋中会渐渐被抽干水分，个子会变得越来越小，颜色越来越乌褐油亮，也越有韧劲，这时候的姜醋蛋吃起来就更过瘾。

前天到元朗大荣华吃点心，马拉糕菜包腊味饭什么都好吃，就是那碗姜醋不行：醋不够浓稠、姜未算上品不在话下，那蛋却真的要命，表面完全未曾上色，当然丁点儿也不入味，只是普通一只烚蛋。后来，“八卦”的我偷偷看到厨部的阿姐不停地把新的雪白烚蛋放进那只姜醋埕里去，证明那些蛋根本就未够资格当成真正的姜醋蛋来卖。这不免令我对长期敬爱的大荣华扣了点分。

说回蛋，不知道今天的孩子们，还会不会在学校举办的生日会上收到红鸡蛋？我妈妈从前是幼稚园教师，每个月都要搞生日会染红鸡蛋。红鸡蛋是用花红粉染成的，小时候帮妈妈一起染着玩，双手都会染成如花旦脸上的一抹艳红。其实红鸡蛋的食味完全跟普通烚蛋一样，却是一种很窝心的玩意儿，兆头又好，又环保，不但环保，而且真正营养丰富。鸡蛋是日常食物中最佳蛋白质的来源，而且又便宜又可贮存，连壳烚熟后更自然成为方便携带的食物，是理想的大众营养食物。蛋的入馔也是最具弹性最多元化的，无数种煮法、无数种配搭，丰俭皆宜。由早餐到宵夜、冷盘到甜品，都有蛋的踪影，无处不在。

早 安 奄 列

我最喜欢大清早起来，堂堂正正地吃个煎蛋。有时在茶餐厅吃港式早餐的时候，看见别人点了娇艳欲滴的太阳双蛋，却又巧手地用那柄钝餐刀，小心翼翼有如做外科手术一样，把两个橙黄太阳齐边地挑出来，摊尸般似的搁在碟上，碰也不碰。

选择这样来大义灭亲，恐怕是听了鸡蛋黄与高胆固醇有关的传言吧。不是说我不信科学，但鸡蛋这东西我们吃了几千年，要是它真的那么邪恶，那自古以来就应该有够多吃蛋死的个案来为大众敲响警号了吧。我想，从前的人大概不会早餐吃双蛋加鲜油多、午饭吃猪下青炒公仔面配增肥汽水，再来一个下午茶炸鸡腿咖喱角配超多奇妙酱的薯仔沙律，才到晚饭的鱼虾蟹九大簋腊味烧肉，还未计正餐以外的薯片雪糕糖果等等零食物语一大堆。

以上的差不多有一半是垃圾食物，惠泽口福不足、满足贪欲为实。我真的不明白，选择了这样的餐单，吃出祸来，然后却反过来怪责那原来是经典营养食物的谦谦君子鸡蛋，把它有如毒药一样摒弃，是不是欠缺了一点良心和公义呢？

第一次接触蛋白奄列是在美国。这种荒唐的食物简直就像美国人一样无理取闹。早餐吃鸡蛋是为了要摄取营养，若果你的餐饮恶习令你变了头猪，那么吃一大堆减肥无糖低脂的假食物，根本就是自欺欺人。整天死懒着，屁股只管贴着沙发，多行两步路也不情愿，加上味蕾愚钝，只懂吃人工贱味的速食，不是一碟骗人的蛋白奄列就可以救你脱离十八层脂肪地狱，更何况那些蛋白恐怕只是瓶装假货，真是光想着也叫人想吐。

可惜，今天越来越难找到一个做得好的奄列了。Omelette（煎蛋卷）是法国菜中最简单的一道经典菜，是学厨的基本功。英国流氓名厨戈登·拉姆齐(Gordon Ramsay)有一个专门扶正垂死餐厅的真人实景reality show，有一次造访一间糟糕得不得了的pub restaurant，他要求那名主厨做一个奄列来看看，那主厨弄得一塌糊涂，原来他竟然从未煮过奄列。结果，那餐厅最后病入膏肓，返魂乏术。

一个做得对的奄列，材料只有一样：鲜鸡蛋。奄列的形状应像榄仁，如金丝雀般淡淡的亮黄色，表面全熟但丝毫不见焦黄，内里蛋浆刚好凝固，呈半固体状，质感绵软香滑而润湿，完全没有粉渣微粒的粗糙口感，亦不应油腻，吃完后碟上绝对不会留下一层油。

港式茶餐厅的奄列，基本上都不是这回事。茶餐厅的奄列，其实就是芙蓉蛋的做法，是在热板上烧而不是用独立的平底小锅来做的。有些餐厅仍会把煎好的蛋打个摺，半圆形地端上来，勉强保住奄列之名。其他就连这一摺的工序也省了，一个圆饼般懒得管。

荷包蛋也好像不幸失传了。现今一般人都把普通的煎蛋叫做荷包蛋，其实还有一种说法，荷包蛋其实有如 poached egg 一样，是在开水中煮熟的，从前是皇帝的食品，形似含苞待放的荷花，又出自水中，因而得到如此雅致的名称。无缘吃过传统正宗的，有点遗憾。

还有一种我爸爸叫做“和尚中井”、茶餐厅餐牌上通常写“滚水蛋”或“滗水蛋”的做法，是一只高身玻璃杯装满热开水，再打进一只生鸡蛋，白里见黄浮浮沉沉的，真的有点像披着袈裟的和尚跌入水中。就是这样加糖喝，便成昔日贫苦大众的日常补品，又经济又见效。现在都差不多绝迹江湖了。

来自英国的 Scotch egg

香港的茶餐厅应该是历史遗留下来的一个中英混血儿，或更广义来说是个中西混血儿，它跟澳门的葡国菜一样，都是 fusion food 的鼻祖。这些 fusion food 是来自民间、来自生活的，本来就并没有多少商业包装及计算，扎扎实实的经得起风吹雨打。英国人走了以后,香港的饮食文化,未见得因此而积极引入更多传统中国的优质地方美食,只见闷蛋连锁食店不停取代特色小餐厅,街头小食更完全被追打得落花流水,尸骨全无。而那一丁点的英式食物文化当然更以超光速灰飞烟灭。

记得几年前偕友人到西贡,到步后肚子忽然有点饿,那天是星期天,有一大群本地老外扶老携幼,在西贡海旁广场一间细小的英式小吃店外饮饮食食,于是看看有什么卖的,典型的炸鱼薯条虽然样子很诱人,但令我跃跃欲试的却是静静地待在一旁的几只Scotch eggs(水煮蛋外面裹香肠肉,然后炸,此为苏格兰鸡蛋)。买了一只,一点也不便宜。破开来看,包着熟蛋的香肠馅肉很新鲜,外面的面包糠炸皮也很薄,吃下去味道没有什么问题,不似传说中那般难吃,当然也谈不上高尚美味,但却不失平民家庭式的亲切感。几年之后,有一次农历年假再游西贡,想回味一下这个Scotch egg,那店铺已经易手,没有卖传统英式小吃了。再托在英国文化协会做事的朋友,问问她的英国人同事哪里可以找到Scotch egg,大部分人都说不太知道,有一位更直截了当地说:“He can’t find one in Hong Kong anymore.”

吃不到,就到网上查查看。大部分人都认为Scotch

egg 顾名思义就是源自苏格兰的(Scottish)食品。只有维基认为这个说法是种谬误，Scotch egg 其实是由伦敦老牌饮食及百货店 Fortnum & Mason 于 1738 年创制的一种野餐食物。在网上查着查着，当下忽然心血来潮，想查一查 Auld Lang Syne (一首苏格兰民谣，也即我们熟知的那首《友谊地久天长》) 是否苏格兰正货。幸好，答案是 Yes。

后 记

从对 Scotch egg 的怀念，忽然联想到皮蛋酥。立即打电话给爱吃皮蛋酥的阿姨，问她荣华的好还是恒香的好(虽然我觉得两间也不够好)。阿姨从前因为工作的缘故，是个元朗常客，她说除了月饼是荣华比较强，其他饼食她会光顾恒香。如是者,才会有上文一段到元朗饮茶吃姜醋蛋之事，因为想要到恒香去买原只皮蛋酥来试试看。那只皮蛋酥外形不错，切开来一看，皮蛋却不够溏心，有点失望。食味尚好，酥皮跟莲蓉都好吃，就是皮蛋不行。近年来，根本就很少有好吃的皮蛋，不知是做的方法差了，还是吃的标准下降所累。不过还好，怎样差也总算有得吃，不像那些本地老英国，现在偶尔想吃 Scotch egg，也只得亲力亲为了。

图 1-1

Fortnum & Mason plc	181 Piccadilly, London W1A 1ER, United Kingdom Tel：44 020 77348040
元朗恒香老饼家	香港新界元朗大马路64-66号 电话：852 24792143

两家茶礼

历史因素使然，香港人与大英帝国的渊源是不可能烟消云散于朝夕之间的。不认不认还须认，大概年过二十的香港人，无不曾被一缕英魂于梦中缠绕过。你说是场噩梦吗？有人会不表认同；你说是甜梦，亦会有人来抗议声讨。甜梦也好，噩梦也好，梦始终还是我们潜意识的反射镜，可以照穿我们内心的软弱和欲望。逃避它或迷恋它都会令我们失去自我，对抗它或顺从它也不见得光明磊落。唯一的出路似乎就是去认识它。

去认识你自以为认识很深很了解的东西，其实是一项很有意思的挑战。挑战来自哪儿？就是来自自己懒惰无知而又自负不凡的死脑筋。从来，放开成见来看清一件事一个人其实殊不简单，所需要的气量可比天地洪流。毫无根据地去歌颂或者抹黑，都是我们常常出卖的、粗劣无耻的人际关系黏合剂，而给黏在一块儿的大都是掩耳盗铃的可怜虫。也请别要误会故作曲高、孤傲离群的就是清泉。所谓过犹不及，其实只要诚实认真地搞清楚自己所爱所恨的是什么，无畏无惧地勇敢面对及怀抱它，就已经可以理直气壮，了无牵挂地做人了。

英红本色

能认识香港英国文化协会的总监 Ruth Gee（纪乐芙女士），自然是一种荣幸。荣幸之余，也是一种奇妙的缘分。初次接触 Ruth 是在一次替她拍摄人像照的机会之下，在她位于金钟的办公室处，谈得不多也不深，只觉她眉目间流露出政治人物般的风范，不怒而威，外貌还隐约有英国前首相撒切尔夫人的影子。从来也没有想象过原来她来自朴实无华的农村地区，自小干尽农家粗活，跟她现在的生活简直是两个完全不同的世界。听着她娓娓道来自己的故事，有趣动人之余亦很发人深省，因为 Ruth 没有忘记也没有嫌弃她的根，而且还把它变成了自己的兵器，虽不轻易亮于人前，但胸有成竹的人，一举手一投足总是有种含蓄内敛的重量。这重量也相信是她能权衡轻重，以稳坐于一会之首的秤锤。

这次有求于 Ruth，是因为想写有关中英茶点的文章，而很顺理成章地，她肯定是城中最有官方代表性的英式下午茶代言人。吃英式下午茶，就好像一种代表悠闲优雅的仪式一样，印象中无论男女都会特意装身，一起到微泛着下午阳光的温暖小房内,既守礼又舒泰地谈笑用茶。茶点细致精美，茗茶烫热芬馥，话语温柔幽默，是一趟高尚惬意的社交活动。当我向 Ruth 提出，要求教于她有关英式下午茶的二三事时，她立刻提议到中环 Helena May（梅夫人妇女会）来一次传统下午茶叙，我当然求之不得。

Helena May 是一幢建于 1914 年，以当时港督梅含理（Sir Henry May）的夫人而命名的英式建筑，历年来以为本港的妇女谋福利为宗旨。我一相情愿地以为英式下午茶是一种较为属于女性的社交活动，而这场地正好配合。就此题目细问 Ruth，她认为传统来说男性在下午这段时间多数在外工作，所以参与下午茶的大多为女性，自然而然人们就会对英式下午茶有如此印象。那天 Ruth 点了茉莉花茶，我点的是英式早餐红茶，点心来了，当然是用传统的三层磁碟塔盛着的。Ruth 解释，茶点在这三层碟上是应该由下而上，从咸到甜依次序来吃的。在最底层的是传统的小三明治 finger sandwich 和烟熏三文鱼；中层有司康饼（scone，或叫英式松饼）、饼干（biscuit）、酥皮火腿卷和蛋批（quiche）；最上层放着甜饼和巧克力。我最爱吃 scone，Ruth 替我细心准备了一份，把 scone

从中间横切开成两半，在切面上涂上最传统的作料：草莓果酱（strawberry jam）和英式凝结奶油（clotted cream/Devonshire cream），再加少许牛油。从她手上接过这份 scone，吃了一口，竟然有种莫名其妙的亲切感。

图 2-1

三 茶 六 饭

相比英式下午茶，我们的粤式饮茶就夸张得多，不但茶喝得凶，点心更是无所不用其极，款式无穷无尽千变万化得有时候叫人吃不消。但我爱它真正的丰俭由人、文武双全、雅俗共赏，这种幅度是中国饮食常有的气量，是我们应该多加珍惜和保护的文化遗产。

在香港几乎所有人上茶楼都只顾点心，漠视茗茶。虽知我们常常挂在嘴边的是一句"去饮茶啰！"，其实茶才是维系这一顿饭的重点。与一位写食评的朋友约好，一行六人星期六早上到中环陆羽茶室去"叹"一顿像样的传统粤式饮茶。我是一个近乎矫枉过正的人，特别在饮食方面，除非有很好的理由和出色的效果，不然创新从来都不会是吸引我光顾的噱头。当然再加上物以罕为贵的道理，在现今胡作非为的新派中菜泛滥之秋，我非常情愿选择去真正传统，甚至老气横秋的馆子，就算价钱要比别的贵、侍应的眼要比别的白，也心甘情愿为着口福而去默默承受。

在香港，也许谁也听过不少有关陆羽茶室的坏话，但客人每天依旧络绎不绝地光顾，说明此老店一定还有它的存在价值。我的写食评朋友是陆羽的“粉丝”，跟她一起去如有明灯引路，什么该点什么不该点，什么是这儿时令特色什么是菜单上没有写的，只有识途老马才如此了如指掌。这天绝对没有吃得冤枉喝得冤枉，先见她点了六安，用焗盅盖杯上茶，茶叶用得不多，茶色浓得有如墨汁一般，心里就暗暗叫好。唤侍应来想多点一盅给自己，怎料他说：“年轻人喝什么六安！喝铁观音吧。”然后二话不说为我端上铁观音。当然，以陆羽奉的客来说，我绝对算得上是年轻的。也幸好他们的铁观音亦属上品，开水一沏就有一股花果香气冲着来。特色点心也不缺，当中我最爱米沙鸡，它跟一般的糯米鸡不同之处是米先给打碎，才混合鸡肉包进荷叶中，一打开荷香四溢，加上口感异常绵细，一试难忘。其他的还有十分可爱的咖喱鸡粒角；牛肉烧卖则是一般酒楼的蒸牛肉球，但做得踏实许多，牛肉球中没有混入其他材料，尽显师父做肉球的真功夫。不过也有失准的，那虾饺虽然保持了优良的剁碎笋尖虾肉带汁馅料，体积也合乎一口一只的传统标准，但饺皮蒸得太久一塌糊涂，很难吃。

后 记

在跟Ruth的谈话当中，最大的发现是，原来她自幼受父母委以家庭饼食点心大厨的重任，每逢周末，Ruth 就要打点未来一星期家中各人的饼食，由设计到制作全不假手于人，是一位经验丰富的入厨能手。我问她如何做好一个scone，她的秘诀是在糅合面团的时候，要把手提高，让面团从手上松松地掉落大碗中，使面团中有足够的空间去留住空气，这样烤出来的scone才会成功，才会够松软。还有一段逸事，就是她念书的时候，家政科的第一课就是做scone。老师的评分不单只要看scone做得好不好，还要根据学生能否依时完成任务，不能迟，但也绝对不能早。所以，Ruth说她从做scone中获得的最大启发，就是凡事若果要成功，时间掌握得好是其中最重要的因素。所以，如果想出人头地，不妨多在家里烧烧饭，做做菜。

陆羽茶室

中环士丹利街24号地下
电话：852 25235464

梅夫人妇女会
大堂餐厅
The Helena May
Dining Room

中环花园道35号梅夫人妇女会主楼
电话：852 25226766

一派一世界

吃东西这回事，在经济发展为主体基调的现代社会，已经被利用和扭曲到几乎失去了原来的作用和意义。我不是学社会学的，只是以一个现代城市生活的普通人，每天所见所闻所吃所喝，归纳出一些概念和感想。可能因为我写饮食文章，所以许多朋友，尤其是网络上的笔友，都常常跟我谈到与食物有关的事情。在这些对话当中，我发现了一个现象：大家很关心吃这个课题，但心情上却许多时候是矛盾的。矛盾来自人对食物本能上的需要，和食物因经济活动而变成商品这两者之间，没完没了的冲突和混乱。

食物和水是我们维持生命的基本要素，跟空气和阳光等等天然资源没有两样，这个道理相信连小学生都懂。可是空气或阳光的本质跟食物有异。譬如说空气很难被商品化，我们很难把空气包装成一种令人有意欲花钱享用的消费品。早阵子曾经从外国传来“氧气吧”这玩意儿，也算是一种把空气转化成为商品的例子；还有各式各样的室内空气清新或净化机，都是在推销优质空气这个概念，借以改善健康和生活质素。但这些商品都不是在推销“空气”本身。而食品和饮品是具象的实体，所以能够被打造成为色欲双全的诱人商品；食物的种类亦极为多样化，不同食材的组合更加是无穷无尽；菜式本身也带着深层次的历史文化情感投射，甚至暗藏阶级或种族的无情分野。这一切一切都令本来是生命必需品的食物，比较容易被借用及扭曲成为消费享乐的物品。

然而，这也不可以说是一种“错误”。只是当社会过分地消费挂帅，有些对食物的原来价值观便很容易会变异。例如售价高昂的食品，人们会觉得如果大家都愿意多花些钱，那么这些贵价食材一定是“物有所值”的，一定比便宜的货色更好吃，对身体更有益，吃这些高档货享受也自然高人一等。这是把自己的喜好和口味习惯都无知地出卖了的例子。食材的价格实在受太多不同的因素影响，影响最少的反而好像是本身的营养价值和美味程度。譬如说一棵在当地用良心耕种的青菜，若果从食味、营养成分及其对消费者身心的益处来衡量，肯定要比一棵劳碌奔波远航而来的入口特色蔬菜优胜，但价钱方面却多数是入口菜比较高。

我们的口味，本应是十分主观和关乎个人感觉的。但实际上我们对食物的喜恶，和生活习惯及历史文化甚至气候地貌都有关系，跟我们父母或自幼把我们带大的人的口味，当中的牵连就更加是决定性地影响终生。所以我常常爱从别人用餐时不自觉的行为举动，来窥视这位朋友的家庭教育，例如吃的速度、分量、自觉性和自主性，如何处理对食物的爱恶，乃至拿筷子刀叉的功架等等，都可以或多或少反映个人性格、处事态度和成长背景。我有一位叔叔，小时家教很严的，连在家吃晚饭也不许以睡衣拖鞋示人，要穿整齐的衬衫皮鞋才可。这些都影响了他日后用餐时对礼节的重视，亦使他对菜肴的要求有点刁钻和挑剔。所以，我们喜欢吃什么不喜欢吃什么，其实跟我们的真正喜恶也许并不一致，反而是受后天的影响居多。我相信没有人天生就懂得鱼翅比粉丝矜贵，而因此决定取鱼翅舍粉丝的。如此这般对食物和人情的势利眼光，都是后天学坏了心肠之后，才慢慢被巩固和定型的。

所以我相信从前的人，生活艰难而且通信落后，每日用粮对他们来说着实是迫在眉睫的实际问题。那时候绝对没那么多现代消费社会的幻象，食物就是维持生命的要素，是每天拼搏求生的能量之源。对于他们来说，食物要能够有效地解决问题，而不是为他们带来更多问题。因此，这些传统的民间食品，在古今中外都有几个共同的特点：其一是多数就地取材，不会像今天一份饭的材料就有如联合国会议一样全球化。其二是简单方便，就着环境的需要，创作出最合适的直接进食形式，不会像现代人一样夜夜大鱼大肉，吃一顿饭要用上数十件甚至数百件餐具。其三是营养均衡，别以为古人不懂得这套，他们的生活智慧足以令现代城市人汗颜。而且他们大多辛劳工作，每天都有足够体能消耗，不会像我们在电脑前度过大半生，然后病从口入祸也从口入。

完 美 一 餐

每个地区民族都会发展出自家的“完整一餐性的食物”，即所谓 a complete meal in itself，一种既营养均衡又能填饱肚子和满足心灵的单项食品。我们的馄饨和水饺就是个好例子：饺皮是提供能量的碳水化合物，多菜少肉的馅料包含了许多维生素、矿物质和食用纤维，加上碎肉中所含的蛋白质和脂肪，合起来就是完完整整的一餐了。西方饮食文化中当然也有发展出同样效能的食品，我个人觉得“馅饼”就是其中的佼佼者。这个“馅饼”(Pie) 我们许多时候会取其音译，把它叫做“派”或者“批”，是一种随处可见的“国际性”食品。许多国家都有自己的独门秘技，创造出自成一派的“派”。这个“派”的世界多彩多姿，但若果要寻根究底，这个“派”的源头却原来并没有一个可靠而实在的说法。

据一些网络上流传的历史学研究引述，最早的源头是远古时代的埃及，时间大约是公元前九千五百年左右。不过，这种远古的煮食方法是否直接进化成为今天林林总总的“派”，我个人觉得很难百分百证明。另一较为近代的源头，有说是来自古希腊。希腊厨子被认为是做“派”必备的面团的最早发明者，是他们最先懂得把小麦磨成的面粉跟水和合起来，变成好像陶土一样方便塑形的面团。当初这些面团的作用有如食物的容器，把要烤焗的食材团团包裹着，放到烤箱里煮熟。面团在馅料煮好后便功成身退，将会被弃置或分派给贫穷饥饿的人。面团的实际作用，有如我们今天的烤盘和盖，把食品包着，避免在烤箱内直接受热而变干变硬。后来，“派”越做越小，越做越精良，而外皮也再不只是盛载馅料的工具，而成为了“派”的卖点和特色。皮连着馅一起吃，不但吃起来方便又美味，而且营养均衡，吃一个“派”就是一顿完整的饭餐了。

英伦派

要数最拥戴馅饼的，相信非大不列颠国民莫属。英国虽然只是一个面积并不算太大的岛国，但小岛的族群众多，文化多元而且各具特色，每个郡每个城都保留了很多独异的小事物，是一个历史悠久民情丰富的地方。英国几乎每一个角落都会找到肉馅派，它更加是观战球赛时的最佳伴侣，人人徒手一“派”拿着就吃才是风味。在香港，要找一个正宗的肉馅派其实绝不容易，许多餐厅都只是在卖一些无形无神东施效颦的假货。有一天偶然在大埔墟一条毫不起眼的小街，发现了一家叫 The Shortbread Company 的英式小店。小店的老板克莱夫·狄克逊（Clive Dixon）来自苏格兰，他做的 Scotch Pie 可以说是近年我在香港遇到最有原产地特色和风味的肉馅派。克莱夫说在他的家乡，这个“派”其实只会叫做 mince pie 或者是 meat pie，原物离乡别井，要让外国人有一个清晰的记认和印象，所以会用 Scotch pie 这个叫法。

图 3-1

图 3-2

这个馅饼的肉馅，传统上多数用苏格兰当地盛产的羊肉，其中加入的香料更是每一个馅饼厨师的独门功夫，从不外传。克莱夫在香港做“派”，要找到价廉物美的羊肉来做馅料有相当难度，所以用了猪肉和牛肉的混合馅，效果很理想。在他为我们充满热诚地示范做“派”的过程中，可以感受到他借手中面团和肉馅，千里牵连着故乡的味道，亦渗透着他对自己民族文化的感情，在这个又湿又热的香港厨房里，让我看见了峰峦绮丽湖海素净的苏格兰。

后 记

我们香港当然也有属于自己的“派”，如果要选一个代表的话，一定非鸡批莫属。这种牛油皮鸡肉洋葱奶油汁馅料的地道食品不用多作介绍，相信在香港无人不知。但铜锣湾一家以港式怀旧为主题的茶餐厅喜喜冰室，就有一种不寻常的鸡批吃法，叫“鸡批浮台”，是把一只完整的鸡批放在青豆蓉汤里吃，吃的时候在鸡批上加点蕃茄酱。这个浮台，我相信灵感是来自澳洲南部一种叫 pie floater 的食品。Pie floater 把“派”作为 a complete meal in itself 这个概念进一步延伸，把可能略干的澳洲式肉馅饼配上湿润又富纤维的青豆蓉汤一起吃，也不能不说是神来之笔。有人可能会觉得这个吃法又怪又核突，但我认为这反而令本来就是 comfort food 的澳式肉馅饼更加 comforting。有什么比不顾仪态咕嘟咕嘟地大吃肉糜豆泥更能舒心减压呢？

The Shortbread Company（已结业）

喜喜冰室　　铜锣湾加宁街 8 号海伦大厦地下
电话：852 28680363

馄饨初开

先由头发开始谈起。

拜王家卫导演所赐，香港人对标准上海女人的印象，忽然之间由咸丰年前公仔箱里肥姐沈殿霞真身演绎那差不多已被人遗忘了的上海婆，一百八十度转为《阿飞正传》里潘迪华姐姐 track in zoom out 的金马奖经典镜头。这个最佳女配角之深入民心，令王大导于《花样年华》再下一城，要潘姐姐再次穿起高领旗袍，踢着高跟鞋严正恤发打上海牌，绘影绘声地再次演绎这种相信只有在香港才能找得到的上海女人的威仪。

这种威仪断不能只靠演技，还得靠内在的涵养以及一点外在的装扮。上海女人爱装扮这点，在我小时候妈妈已经有意无意地常常给我灌输。小时候住美孚新村，那儿也算得上是香港其中一个小上海，我家楼下就有三阳杂货，到那里去买咸肉、年糕、马兰头的 auntie 们，身上如何的随便如何的街坊装扮也好，有一样东西她们是从不苟且了事的，那就是头发。当然，金边大墨镜口红寇丹翡翠钻饰腕表皮包高跟鞋亦缺一不可，但这些行头其实都不是灵魂所在。试想象如果身上脸上万事俱备，而单单只剩一头散发邋里邋遢的，那顶多只像一个平实村妇偶尔装身出席隆重饮宴。相反，假如头发恤得层层高耸，乌亮乌亮的波涛起伏，那即使穿睡袍下楼去买豆浆油条，也无从掩饰藏在其中的大都会大上海气派。

后来，我发现除了上海太太们喜爱如此精巧华美的hairdo之外，世界上还有另一种太太也有非常类近的头发审美观……

威尼斯人

不是要谈澳门又或者是Las Vegas，而是想谈谈意大利的面食。

纵使有文献及学者誓神劈愿坚持意国面食的起源与中国完全无关，但威尼斯商人马可·波罗据说曾当过扬州总管三年，在中国及远东旅居十七年之久，没有理由不把五花八门的中原面条或馄饨、汤饼等等见闻，带回乡与友人分享。亦只有这样才能合理地解释，为何Cappelletti及

Tortellini（都是意大利水饺，地域叫法不同。形状馅料略有不同）无论样子、包法、食法都跟上海馄饨几乎完全一样。

几年前到意大利旅行，最大的收获并不是美食——不是说食物方面有什么问题又或者是不好吃，就只是好像缺少些什么灵气之类的东西，无甚惊喜、略带失望。反而喜出望外地发现除了馄饨以外，原来意大利太太们恤的发跟上海女人们的，像是同一个饼模做出来一样。这方面，我想无论如何都应该是中国跟意大利的风了吧。这样就好了，你学我一次我学你一次，拉个平手。意大利妈妈们就别介意我拿你们的 Tortellini 来跟上海馄饨认亲认戚啦。

去过意大利，反而更爱香港的 Nicholini's。曾两次获得 Insegna del Romano 意大利境外最佳意大利餐厅奖，最近关门差不多两个多月进行大装修。起初确实有点忧心，装修过后会否里里外外都面目全非？幸好餐厅重开的第一天，踏入谦卑的大门后所看到的，依旧是从前一样的气氛。见经理和其他楼面都是旧人，立即放下心头大石。这天来吃午餐，大厨桑德罗·法尔博（Mr. Sandro Falbo）为了要让我们有一个完整的经验，除了主菜，其他都用拼盘形式上菜。Antipasti（意大利正餐前的小菜）差不多有十多款，吃到第五款就已经记不起第一款的味道了。不过所有味道其实都很归一，这是不容易做得到的。Pasta 也有三款。最特别的是 Raviolo All'uovo con Ricotta e Spinaci al Burro e Tartufo di Stagione (自制鸡蛋芝士云吞配松露牛油)，中间馅料暗藏了一只鸡蛋黄。那只蛋的来历可不寻常，是专程由意大利特约农场新鲜运到的，每一只都有编号。这些蛋的蛋黄，色泽异常鲜黄，真的有如黄昏时太阳的深橙色一样，用来做 pasta 可使面的颜色及蛋香味都更浓烈。大厨别出心裁，用高超手艺令全只云吞的外皮和馅料都熟透的同时，保持内里的蛋黄成半熟的流质状态。于是上桌时客人先嗅着云吞上面松露牛油散发出的奇香，再用刀把云吞切开，杏黄色的浓汁就会徐徐地流出，是高级食物带给客人的一刻惊艳。

图 4-1

上 海 人

广东人说的云吞，其实正确的写法是馄饨。馄饨一词也是假借，原本为混沌，亦作浑沌。混沌甚有来头，出自《庄子》内篇“七窍出而浑沌死”的故事。故事内容不详述，总之馄饨之所以叫馄饨，是因为它包起来成密封的样子，没有七窍，俨如浑沌，因而得名。馄饨在很多地方都有：北京、湖北、上海、浙江、四川等。来到广东变成了云吞，是南方人民差不多先生的性格，取馄饨的上海话读音而成。虽然严格上说来可称不雅，但云吞云吞，看惯了又显得有点可爱，而且做得好的广东云吞其实美味无穷。

谈到上海馄饨，现在要找好吃的，除了在传统上海人家里的饭桌上,几乎没有可能找得到了。随便上一间上海馆子，我保证你会吃出一肚子气来：劣质味精汤里浮着一团团像卫生纸模样的东西，放进口更是大吃一惊，外皮像无味腐竹，馅料尽是烂肉霉菜，难吃得教人掉下泪来。这是我可怖的经验之谈。

所以数年前当我有一次跑进天后琉璃街的上海弄堂，要了一碗菜肉馄饨吃过之后，简直感激得要涕泪交流。感激皆因竟然有人和我一样，对馄饨有着这一份无情的执著，还有能力把执著植根进一门生意里头去，连招牌也坚持用正写“馄饨”，这勇气令我肃然起敬。于是这次约了老板，在跑马地分店拍照。老板姓关，是位雍容尔雅的小姐，亦是有心人，一谈起保存传统食物就精神抖擞。关小姐承传家族古老做法，用的是半肥瘦猪肉，手切的小棠菜，没有放麻油，食味清新。菜和肉的比例大概是七三，是现今绝大部分食肆不能做得到的比例。虽知菜肉馄饨口感的精粹在于菜肉比例正确，这点很重要。除了小棠菜，时令的西洋菜、荠菜、大白菜等也可以用。上海馄饨的食味在它的馅料中，所以根本不

图 4-2

需任何上汤高汤，传统都是大汤碗底放葱花酱油，下刚烧开的热水撞成酱油汤，再加一两滴猪油添香就成，和馄饨本身一样，简单而经典。

后 记

在和关小姐的谈话中，还发现一个大家都感到气结的现象：从前在家里吃妈妈包的馄饨，馄饨就是主食，妈妈会问你要吃多少个，假若我说二十个，那我就一定要吃二十个，因为馄饨是即包即吃的，妈妈从不多做，做的都要一次吃清。不过这都是题外话，我想说的怪现象是，不知道为什么香港人到上海面店，总爱点菜肉馄饨面。这个世界上是根本没有菜肉馄饨面这回事的，就好像没有人会用意大利面来伴中东包吃一样，你也不会去点一笼叉烧包来送白饭吃吧，对吗？

Nicholini's
金钟金钟道88号太古广场港丽酒店8楼
电话：852 25213838 内线8210

上海弄堂菜肉馄饨
天后电气道68－81号发昌大厦地下A铺
电话：852 25100393

尝味有期限

如果要数2010年，对我日常生活模式影响最明显的新事物，想必非“微博”莫属了。这个以Twitter为蓝本开发的中文版简讯式博客社群，统一了两岸三地媒体工作者与社会大众之间的传讯园地，一时之间成为了包罗万有的沙龙，每天在这里流通的资讯和概念，可能比从前一年间的质和量还要多，也间接鼓励了许多香港人（包括我身边许多同事朋友）去多写中文和多认识国内的语言文化，同时也多习惯用简体字。

上星期在“微博”的园地，出现了“微博可能即将关闭”的流言。事缘有一天，大家忽然发现“微博”的版面上出现了“测试版”的细小字样，于是大家就开始猜测这是关闭“微博”的先兆。流言的真实性我们是无法得知的，大家也宁可信其有地发表过一番“假如有一天微博没有了”的感言，热闹了大半天。其中一位博友向来都十分支持小弟所发的帖，就写着若果“微博”关闭了，他会怀念我每天的饮食图文。看见有人如此表达对自己图文的错爱，心里当然无限感恩，也答上一句道，活在当下，今天不知明日事，所以发饮食照其实最干脆利落，最能抓住现在的一刻，抓住今天，carpe diem。

这种市井小聪明，既欠深思亦无大志，是绝对不应该拿出来炫耀或推广的，只可当做疯言疯语，在人人皆发言的网络世界中，很不负责任地信口开河。不过，当中食物与时间的微妙关系，却是非常真实的。食物的照片之所以令我联想到当前一刻的现实和超现实性，是因为在别人看着照片中那油亮光鲜的美食，仿佛在对你献媚之时，它的真身大概已经支离破碎，转化成一缕卡路里幽魂。这就是食物的本性，有相对短促的时限。热的菜不可放凉一刻，冷的菜也不可搁着升温；有些菜是一定要是现做的才好吃，有些却存放得越久越发有陈香。不明白时间主宰食品这个中道理，是不能真正地了解饮食文化，更无法享受食的乐趣。

天然方法制作的食物保质期短，是主管饮食的人长久以来的挑战。自有渔农庖厨这些职业以来，从业者一直绞尽脑汁，发明了五花八门的保存食物技术。这些技术的发展亦从来没有停顿过，总是随着我们生活习惯和节奏的改变而不断更新。尤其是在过去的一个世纪里，食物的保存技术简直可以说是帮助社会的经济发展的其中一位功臣。试想想，若果没有了电冰箱，没有了各种罐头干粮，没有了腌肉没有了真空脱水包装，又或者只是没有了泡面，我们还有可能过着和现在一样现代化的繁荣都市生活吗？

泡面奇招

对，就算是泡面这样廉价、容易被人嗤之以鼻的食物，其实也盛载着人类社会一步一步走向现代化的艰辛进程中一段了不起的小故事。这个故事要由三百多年前清乾隆时期的福建宁化开始说起：当时一位曾官位扬州太守的书法家伊秉绶大人，本身是位对饮食素有研究的文人，生平最爱吃面。有一次伊大人在宁化的家设寿宴，到贺的宾客知道伊大人的口味，纷纷送来面条做贺礼。一时间，厨房里出现了堆积如山的面条，伊大人灵机一动，想到不如摆下全面寿宴，好消耗这些不能保存过久的面条。怎料其中一名厨子在煮面时误把面条放进热油，只好立即把炸过的面捞起，再放水中煮。这些将错就错的面条，竟然获得到场宾客的击节赞赏，有人提议把这种新面食以伊大人来命名。从此，这种在福建发源而在广东发扬的“伊府面”或简称“伊面”，就成为了中国五大面食之一，与北京炸酱面、山西刀削面、四川担担面

图 5-1

和湖北热干面齐名，而贺寿送伊面做礼物这习俗也是从那时开始的。

伊面的独到之处，除了质感特殊之外，还有一个特色，那就是因为经过油炸的关系，令伊面能够长期保质不变。三百年后的日本，有另一位日籍华人从伊面中得到灵感，发明了可谓攻陷全球的速食泡面。安藤百福先生（Mr. Momofuku Ando），本名吴百福，堪称泡面之父。吴先生出生于台湾，二次大战后在日本大阪创立“中交总社”，即“日清食品”的前身。一次商业事件令已经归化为日本国民并改姓安藤的他变得一无所有。安藤于是退居自宅中努力研发泡面，终于在1958年8月25日成功推出“鸡味泡面”（チキンラーメン），大受欢迎。1961年安藤成功登记“日清食品鸡味泡面”商标，1962年取得速食面的专利。安藤在打稳日本本土的阵营后，想把泡面带到美国这个世界第一大市场去。因发现美国人的餐具碗碟不适合用来泡速食面，于是别开生面想出用纸杯来泡面的奇招。就是这样，第一个“日清杯装速食面”（カップヌードル Cup Noodle）在1971年9月18日诞生。

我本身并非杯装泡面的粉丝，对于我来说它是没有选择的时候用来医肚子饿的方便方法和在恼人身心的长途飞行中一点温暖的慰藉。当日清食品于千禧年推出30周年纪念版 premium cup noodle Time Can 时，我却又羊群心态作祟，买了一个回来放在家里的电视机旁。这个 Time Can 是一个以时间囊为概念的产品，保质期限十年。一天晚上，工作到很晚才回家，肚子有点饿，瞥见电视机旁那只 Cup Noodle 铝罐，心血来潮把它打开。2000 至 2010 年，刚好是它的十年限期届满之时，就这样在最平常的一个深夜，泡了这个煞有介事的速食杯面，吃饱就睡。常常听人家在说“人生没有几多个十年”，泡面也没有几多个放了十年才吃。很特别吗？老实说吃的时候绝对没有刚买回来时的兴奋。是因为我没有十年前般天真纯良，还是十年前的杯面的味道已经没有今天的好？这个我也不知道，恐怕再过十年我还是不知道。

图 5-2

后　记

虽然说我不是一个泡面爱好者，也对不同种类的泡面无甚研究（是真的有泡面狂会不停试食各种不同的泡面来做比较的，日本人最多，国内也有），但只要是有关吃的我都有兴趣。泡面我真的吃得不够多，所以当好友黎达荣送给我两碗“3D 立体泡面”时，我也对着这份非常有趣的礼物啧啧称奇。面本来就是立体的嘛，又不是看电影，究竟搞的是什么名目呢？急不可待想知道葫芦里卖的是什么药，于是回家就泡了一个来吃。原来所谓“3D立体”，其实只是面汤像茨汁一样比较浓稠，挂在如乌冬一般粗的面条上，夹起面时有拉起整杯汤汁上来的错觉。日本人的无聊搞作，真是个气坏人的反高潮。

正斗粥面专家　　跑马地景光街21号地下
电话：852 28383922

日清食品株式会社　　www.nissinfoods.co.jp

罐头里的魔法

2009年，香港金融管理局总裁任志刚不慌不忙地在电视荧光幕前，预言金融海啸的恐怖second round，即将大浪叠细浪，以超越第一波数倍的威力，无情袭港。相信惊闻噩耗的香港人无不胆破心寒，嘀咕着来年的日子要怎样节衣缩食，要挨面包挨罐头来度过这百年难得一遇的经济冰河期。也多得任总这番话，引起了挨罐头的联想，启发我去写一下关于罐头食品这个题目。

罐 装 时 光

罐头，这个革命性地影响了人类饮食的精神面貌的伟大发明，却从来没有多少人认真地探究过。当然，这样说好像有点儿武断，但最低限度，在这个人人张大嘴巴就讲饮讲食、张三李四都出版食经食谱的奢靡年代，竟然连一本专题写罐头的书都没有，这实在是对罐头的大大不敬。当然，自问完全没有资格去发表“罐头论”，都只是路见不平、拔刀相助的心态，兼且这刀还要是柄钢水不足的钝器，在这儿瞎说，也只是找个借口抛砖引玉吧。

罐头食品起源于饮食文化深厚的法国。18世纪末，拿破仑颁令，以12,000法郎，重赏给任何能想出军用粮食长时间保鲜方法的人；结果，夺得奖金的，是一位叫尼古拉·阿佩尔（Nicolas Appert）的甜点制作人。他花了差不多十五年的时间钻研，于1810年实验成功，掌握了用密封阔口玻璃瓶来保存食物的方法。尼古拉·阿佩尔的著作*L'Art de conserver les substances animales et végétales (The Art of Preserving Animal and Vegetable Substances for Many Years*)，是世界上第一本关于现代食物保存和保鲜的书籍，阿佩尔亦拥有这种用密封玻璃瓶保存食物的专利。

另一位法国人皮埃尔·迪朗（Pierre Durand），在同年也获得以锡罐来保存食物的专利。不过，这两项专利旋即被两位英国企业家布赖恩·唐金（Bryan Donkin）和约翰·霍尔（John Hall）于1812年买下，并在伦敦南面的Bermondsey设厂，生产罐头食品。十年后，北美洲亦开始有罐头食品的生产工厂。到了20世纪，才开始出现比较现代化的大量生产商业罐头的厂房。

罐装保存法的厉害之处，就是这项发明远远比法国著名化学家路易·巴斯德（Louis Pasteur）发现高温杀菌原理 pasteurisation 早了将近一个世纪，而且时至今日，罐头的基本制作程序，跟阿佩尔和迪朗当年发明的方法其实没有两样，只是以复杂的机器代替人工制作而已。大部分食物，如肉类、蔬果、奶类、蛋类、海产，以至酱汁甜点饮料等，都可以制成罐头。当然，每种罐头食品的制作方法略有不同，但大致上都是先将原材料放进罐或瓶里头，把瓶罐密封，加热至内里的食物熟透，然后搁凉，只要不破开密封了的瓶罐，内里的食物就可以保存一段很长的时间而不会变坏。

二等良食

今天，几乎任何人都会在知情与不知情的情况下吃罐头食品。不过，大部分人会觉得罐头是一种次等食物，是在没有选择的情况下才会吃的，是一种新鲜食物的替代品。从前听爸爸说，上世纪 70 年代的时候，来自内地的远航轮船会以国产罐头食物来招呼客人。这样做并不是吝啬新鲜食材，而是当时内地生产的罐头，大多是外销的，平常只吃“大锅饭”的国人不容易有机会品尝。因此，用罐头来招待交情深厚的客人，其实是一种充满了辛酸的人情味，远较今天北上的时候，满桌子大鱼大肉的盛宴珍贵得多。

其实，从科学的角度来看，罐头食品绝不如一般人所想的那样次等。1997 年美国伊利诺伊大学食品科学与人类营养学系（University of Illinois Department of Food Science and Human Nutrition）做了一项研究，指出罐头食品的各种营养成分，不但于制作入罐的过程中保存下来，有许多罐头食品的营养价值，实际上要比同样的新鲜食品还要高。例如罐装鲑鱼，就较新鲜或冰鲜鲑鱼的钙含量高；罐装南瓜及甘笋，比新鲜的要多十数倍的维生素 A；而大部分含水溶性纤维的蔬果，在经过罐头制作过程后，其水溶性纤维会变得更容易被人体吸收。

罐头还有另一好处：许多季节性的蔬果，不合时令就很难在市场找得到，找得到品质也不会好；就算是合时令的蔬果，也因为要由偏远的农地运到市场，一波三折，在运送途中被折磨得养分尽失；有些蔬果更为了要以最佳卖相示人，农家会在它们还未完全成熟的状态下收割，大大影响了蔬果的质素。反观罐头食品，因为不用赶往市场，所以蔬果都能在它们最成熟最丰茂的时候被摘下，加上罐头制作工场通常就在农田旁边，免却收成品为了要赶赴市场，而要受尽舟车劳顿的折腾，让蔬果能在最佳状态之下入罐，把所有蔬果的好处都稳定地保留住。例如意大利菜不能缺少的罗马蕃茄，罐装的产品就要比新鲜的质素稳定得多，而且罐装蕃茄因为在入罐的时候，必然经过慢煮过程，当中的重要成分茄红素（lycopene）会变得更有成效，更适合人体吸收。

还有一个对罐头食物甚不公平的谬误：许多人以为罐头能长时间存放，是因为放了防腐剂的缘故。其实，几乎所有罐装食品都没有放任何防腐剂，当年尼古拉·阿佩尔发明的保鲜方法，根本完全不需要用其他化学品来辅助，就能做到长期保鲜的效能。

平 货 贵 食

如果上面写的还未曾足够令你对罐头另眼相看，且看以下两个例子能否多打动一两副铁石心肠吧。

例一：清汤罐头鲍鱼

图 6-1

又要从加拿大开始说起。人在香港的时候，可能因为太习以为常，有时难免会变得麻木不仁。几年前，当各大酒家忽然争先推出貌似红烧干鲍的廉价全鲍宴，粗心的我竟然完全视而不见。直到有一次在温哥华的唐餐馆，跟爸爸妈妈吃晚饭，点了包含每人一只红烧鲍鱼的套餐，端出来的鲍鱼有初生婴孩的手掌般大，油光鲜亮的深琥珀色，卖相十分对眼。

吃一口，虽然跟真正的干鲍还有一段相当的距离，但如此价廉且物美，足以令人喜上眉梢。

爸爸跟这唐餐馆的部长颇熟络，部长暗暗告知，其实这些既不是干鲍，也不是鲜鲍，而是罐头鲍。从此，我就对罐头鲍鱼刮目相看。刚过去的农历大除夕，一班朋友约好，大玩你煮我吃。有一位好朋友的同事，家里做优质罐头鲍鱼的出入口生意的，送了几罐不同来历的清汤鲍来给我们大家一起吃。煮鲍鱼的重任落在我手，战战兢兢。幸好煮出来的尚算像样，而且实在快捷方便，两个小时便成事了，换着是干鲍或鲜鲍，动辄要用上十数倍的时间十数倍的材料，上千元的食材一旦搞垮了，可真是痛入心肺。罐头就没有这种羁绊，才二百块钱一罐，又非常容易煮得成功，是种无虑的快乐。

图 6-2

例二：陈年罐头沙丁鱼

别以为我在胡扯，一如红酒和普洱茶，原来罐头沙丁鱼也可以讲究年份。头一次听闻vintage sardine这回事，是从朋友庄臣口中。有一趟他到巴黎旅行，因为懂法文的缘故，可以比较随心所欲地，在情操上相等于香港陆羽茶室或天香楼的Brasserie Lipp里自由点菜。Brasserie Lipp是巴黎的老牌，绝对不会给游客们英语对话的方便，不懂法文如我，只可以从非常有限的单词之中猜猜度度，点了什么菜，自己其实一知半解，更绝无可能好像庄臣一样，可以从菜单中发现好像vintage sardine这般有趣的菜式。

爱吃爱到把“食”这课题提升至艺术甚至哲学层面的法国人，深信处理得宜的优质罐头沙丁鱼，它的味道是会随着经年累月在罐内被海盐及橄榄油腌浸着，而变得渐渐“成熟”的。所以，认真对待优质罐头沙丁鱼（特别是那些来自法国罐头沙丁鱼之乡杜瓦讷内Douarnenez的上等货）的人，会把某一年收成入罐的沙丁鱼，珍而重之地存放好，每隔一段时间就把罐头反转一次，好让里面的油能均匀地滋润鱼身。等待数年至十年后，当罐内的鱼达至最入味、最够“陈”的时候，才隆重地开罐品尝。懒惰而又欠缺恒心的人，也可以光顾如Brasserie Lipp这类认真的餐厅，让侍应在你面前，端正地为你展示印在罐装沙丁鱼上的年份，然后利落地把罐揭开，露出一尾尾排列整齐的陈年旧沙丁，让你小心细味。能把罐头这种对于许多人来说是艰苦岁月中的食品，吃得如此刁钻，都应该可以称得上是穷风流。

Brasserie Lipp　151 Boulevard Saint Germain, 75006 Paris
Tel：33 1 45485391

Connétable　www.connetable.com

文华花胶专门店　www.mandarinfishmaw.com

臭色可餐

我是什么食物都可以吃的。好的固然吃,差的也可以吃;贵价的如果袋里有钱(或有人付钱)就当然敢吃，贱价的也丝毫不敢怠慢恭恭敬敬地吃。就连我最怕的荔枝龙眼，我也誓言总有一天要把它们征服。不是吗？小时候的我，不就是不吃蚝不吃草鱼腩不吃麻蓉汤丸的吗？回想起来那时真笨，现在你要我少吃一口才难!

臭名昭彰

记得有一次到东京演出舞蹈剧场，同行的有十多人，住了三个星期多。每天酒店的自助早餐我都会选纳豆，黄黄的黏黏糊糊的有一阵说得上是奇香的气味，加点黄芥末和酱油，再打散生鸡蛋混入热腾腾白米饭，然后用紫菜夹着吃，吃着吃着会教人有凡事知足感恩的心情，是很有意思的早点。同行的只有另一位做音乐的朋友潘德恕会吃纳豆，其余的全都“望而生畏敬而远之”，所以每天早上都只有我们俩坐在餐厅最远的一角。

另外一次到阿姆斯特丹办演唱会，正值吃希灵鱼的季节，这种道地又时令的美馔我当然不会错过。荷兰人的吃法是把未煮过的生鱼起骨，腌渍后再拌生洋葱粒和酸奶油造的酱来吃的，味道颇强烈。我差不多全程每天都在街边小档吃此鱼，起初只有我和 PixelToy 的何山吃得津津有味，后来其他人见我们如此雀跃，也试食一下，有的喜欢，有的不以为然，但没有一个吃了要吐，大家都说没想像般难吃云云。

其实有人会去吃的东西，尤其传统食品，应该是人的味蕾最少可接受，而大都享受的。个人喜好当然会有，礼貌地谢绝自己不喜欢的食物也是美德，但动辄露出嫌恶神色继而掩着鼻子大呼救命，不但对食物不恭及对食的文化不敬，也其实不见得刁钻高贵，反而是无知失礼。这种情况在某些自幼受保护，因而所有有嫌疑的怪东西都不吃的老外身上发生还情有可原，但发生在差不多什么都能放进嘴巴去的中华儿女身上，就实在难免令人怀疑是骄矜狂妄轻世傲物，又或者是在卖弄自己有多洋化了。

臭外慧中

我妈妈是常熟人，外公当然是常熟人，但他年轻时在上海工作，所以来到香港就干脆叫自己上海人。其实是上海还是常熟一般香港人根本无从分辨，总之来自苏浙的对于香港人来说都是上海人就是了，真是七百万个差不多先生。

外公是常熟人，但外婆不是，所以我相信生活上是要磨合的。妈妈告诉我，她小时候外公嗜吃臭豆腐，他最爱放一撮毛豆在臭豆腐上然后放在饭上面去蒸，蒸好后浇酱油和熟油便可以伴饭吃。但我外婆实在不能忍受那种味道，每次外公要蒸臭豆腐,她就得回避。后来好像邻居也开始有微言了，可怜的外公只好放弃这道可解乡愁的飘香菜。

可能是味觉遗传，我妈爱臭豆腐，我也爱臭豆腐。小时候妈妈总是用“臭豆腐炸过也不会热气”这不知来由的怪论做借口，常常在我家楼下巴士站的小贩档买几块炸得通脆的臭豆腐回家给我和弟弟一起吃。那时的臭豆腐果真是臭，小贩一开卖就连住在高层的人也闻到，好此道者一闻其香就自然会跑下楼去买，所以这股味儿也真是有其招徕之效。今天要找一档有点儿味道的炸臭豆腐十分艰难，有些什么都卖的熟食摊档的炸臭豆腐根本就和普通的炸豆腐没有分别，简直鱼目混珠，可笑的是光顾这些摊档的顾客依然络绎不绝。

好的炸臭豆腐外皮像蜂巢，咬下去内里仿似溶掉的芝士，是非常好吃的街头小食。但我还是比较喜欢蒸臭豆腐，不但闻起来的味道比炸的要强，吃下去也比炸的要香。臭豆腐是很有趣的，放到嘴边还满是臭，一放进口里臭味就立即消失，随之而来的是一种高尚的美味。就好像有些人初相识时很讨人厌，但熟络了之后你便会爱上他或她的刚强性情一样，是一种生命的惊喜。

图 7-1

臭 色 可 餐

在 city’super（大型生活专门店）还未曾深入民心之前，大部分香港人对芝士的印象都只来自独立片装的卡夫或锡纸包装的笑牛牌等等，哪里有想像过外面原来有一个五花八门的芝士世界？在我未拜访香港四季酒店法国餐厅 Caprice 的经理 Jeremy 前，我的芝士印象也只停留于世界各地大型高档超市的玻璃冷柜内，插着不同国旗标号的芝士坟场。

为什么说是坟场？那就先要谈谈奶这东西了。如果不是 Jeremy 这位原籍法国的芝士发烧友提醒我的话，我一定不会在买芝士或者吃芝士时想到有关奶的处理方法这回事。奶，不论牛奶或羊奶，以及其他各种乳制品，都有分为经巴斯得消毒法消毒（pasteurised）和未经消毒

(unpasteurised) 两类。消毒过的奶比较容易保存和控制，适合大量生产芝士，但却某程度降低了发酵时的自由变数，令乳制品虽然品质稳定，但味道千篇一律，没有传统小农庄天然人手作业的个性与特色。

超市的芝士大都是 pasteurised 的，因为容易处理及保存。但 Jeremy 为 Caprice 选的全都是直接从法国各地小农庄人工生产，经传统工序制作的 unpasteurised 芝士，其中有些品种的产量少得全球只能供应 12 间餐厅。这些芝士，尤其各种短时间发酵的软芝士，因为还在继续发酵中，所以一旦处理不当，时温湿配合失宜，芝士就给毁掉，不能吃了。它们有部分的最佳品尝期只有数天，所以需要一个好像 Jeremy 一般有经验的芝士专家来照顾它们，好让它们在最佳状态下送到客人的餐碟上。

图 7-2

在 Jeremy 的导赏下试食各种芝士是一趟奇妙的味觉旅程。我跟这位法国餐饮强人形容臭豆腐的味道，他选了一款牛奶制成的软芝士给我试。这种芝士的吃法跟臭豆腐刚好相反，臭豆腐是闻臭而食不臭的，但这种芝士闻起来只有微微的奶味混合着农庄的气息，吃在口中那股“臭”味才跑出来，不过绝对是一种亲切可人的臭，一种令你好像会忽然间很想念大地之母的臭。我问他觉得香港人对芝士的态度够开放吗？他说大家好像开始好奇，慢慢习惯，慢慢 pick up。

我问他有没有到餐厅外面到处走走，他说来了香港两年多还未有太多机会。文化交流，都是需要双方面慢慢花些时间来碰撞的，不过大前提还是要有颗开放的童心。

后　记

在 Caprice 试食各种芝士的时候，忽然觉得芝士的味道其实很性感。记得有一次看电视讲解一项新发现，原来我们有一个隐藏的感应器官在鼻子深处，专责探测我们身边的对象发出来的一种化学气味。这种气味不是我们用平常的嗅觉能感应的，是在不知不觉间大脑透过那特别器官判断，并立即指挥我们作出行动。那节目还说，我们以为自己用眼睛来寻觅对象，其实用的是鼻子才对。我在吃过那块黄黄绿绿的 Roquefort “Le Vieux Berger”（“老牧人”罗克福干酪）之后至今梦魂萦绕，可能我将来注定要和一块臭芝士结婚。静静告诉你，芝士在法文的性别分类是属于男性的，哈！

Caprice	中环金融街 8 号四季酒店 6 楼 电话：852　31968888
宁波旅港同乡会（会所）	中环德己立街 2-18 号业丰大厦 401-405 室 电话：852　25230648

腾云驾雾又一餐

曾几何时，坐飞机本身就是一个旅游项目。远在facebook、myspace、flickr等等所撩起的一股个人照片分享热潮之前，叔叔婶婶们早已经洞悉先机，主动掌握了分享外游纪行的潮流。大堆只见主角硬在正中，不自觉地阻挡景观的旅行照片，几乎一定会有以机场及机舱为背景的纪念照，还必定有日期附印在相片的一角，又或者由旅行者亲笔在相片背面写上时间地点，或再加上一两句旅游感言之类，温情洋溢。难怪差不多所有什么八天十天欧美豪华长途旅行团，行程表的第一天或最后一天都会出现“乘搭什么什么航机由香港直航罗省”等等的节目，而团友们亦毫无异议照单全收，一心一意把坐飞机看成为旅途中唯一可以霸占一整天宝贵时光的精彩节目。

不过，来到今天，尽管飞行旅程对大部分人来说，已经是一种现代化生活的必然辅助品，但坐飞机这种旅游方式，却越来越为人所诟病。人们开始关注机舱内的环境，对旅客身体所带来的不良影响，小如干燥的空气对皮肤的坏处，大至所谓“经济客舱症候群”的致命深层静脉栓塞，或抗药性病毒带菌乘客对其他乘客所产生的潜在风险等等，近年来都引起了“空游”常客，以至一般大众的讨论。另一方面，航空运输对环境造成的破坏，也令许多人开始重新思考当代人的经济和生活模式，为我们和下一代所带来的好处，是否能够抵消它所带来的坏处。

除了乘客们理性上的忧虑，他们感性方面的点滴爱恨，其实可能更影响航空业发展的取向。毕竟，人类是情感动物，理性上明明知道是大错特错的事，却时常按捺不住，偏向虎山行的例子实在不胜枚举。所以，无论科学数据如何贬抑航空客运，人们要不要坐飞机，似乎最后都取决于其感觉是否良好多于一切。所以，至少从表面看来，航空公司改善飞行对环境和乘客体质所造成的坏影响，就好像不及他们宣传坐飞机是何等舒适、何等快慰那般卖力了。

通常旅客埋怨坐飞机，都离不开座位令人膝盖屁股都变得僵硬和那些非人口味的飞机餐。飞机座位太窄这个问题（当然只是就经济舱而言），确实有空运成本高昂这个因素，规限了改善的空间。那么飞机餐呢？是否真的如许多人的主观印象那般惨无人道地难吃？

朝 鲜 味

我从来对飞机餐都有好感。记得当年第一次坐飞机，理所当然地连呕吐袋和厕所里的小肥皂也觉得新奇有趣。不过印象最深的，还是那一份整整齐齐、小巧玲珑的飞机餐。它简直令人对“食物”这个概念有了全新的启发，几乎可以说是人类用餐文化其中一种艺术模式：把一顿由头盘到甜品的完整饭餐，连餐具酒杯餐巾餐桌盐胡椒碎咖啡杯沙糖奶精饭后巧克力等等，全部不慌不忙地安顿在一只不足半平方尺的托盘上，简洁优雅而又实用大方。能够做到这种效果，其实绝不容易。

1919 年，英国的汉德利·佩奇运输公司（Handley Page Transport）由伦敦飞布鲁塞尔的航机上，创新以三先令（shilling）的价钱，供乘客购买世界第一份飞机三文治。自始以后的九十年来，飞机餐已几近成为了一种次文化。有一天我收到弟弟发给我的电邮，给我介绍一个很有趣的网站：www.airlinemeals.net。网站的内容，尽是飞机餐的粉丝们分享他们的用餐经验和观点，还有一个非常庞大的飞机餐照片库，里面的照片全都是由网民上载的。照片中的飞机餐当然有好有坏，但真正的飞机餐发烧友，其实是取其神多于其形；吃到令味蕾惊喜的飞机餐，自然教人击节；就算是吃了如雪藏波仔一样的mircowave dinner，或甚是冰冷如塑胶的劣餐，也不会减低他们对飞机餐的热忱，只会令他们更着紧寻找能使沉闷的飞行旅程变得令人神往的空中美味。

除了airlinemeals.net，其实还有一个非常正规的飞机餐米其林，就是每年由超过一千五百万飞机乘客投票的Skytrax World Airline Awards。这个有超过十年历史的活动，分别选出五大最佳头等舱膳食、商务舱膳食及经济舱膳食三个项目。每年的获奖航空公司虽然都不一样，但占据头位的，来来去去其实都是那几家：澳洲航空(Qantas)、新加坡航空(Singapore Airlines)、阿联酋航空(Emirates Airlines)、国泰航空(Cathay Pacific Airways)，以及近年冒起的卡塔尔航空(Qatar Airways)和海湾航空(Gulf Air)等等。

不过如果你问我的话，近年最让我吃得痛快的飞机餐，就是大韩航空(Korean Airlines)。那次坐“大韩”由香港到纽约，本来对“大韩”完全没有好感的我，竟然被她一顿飞机餐征服了。那顿餐其实只是一味简单的朝鲜拌饭(Bibimbap)，说出来没有什么令人惊喜之处，但正是如此平凡的菜式，就能够成为最成功的飞机餐。原因是这味菜可以事前把材料全部煮好，每种材料都能翻热而不会影响到食

图8-1

味和质感；最重要的，是所有材料在上菜的时候都是分开的，是乘客自己把烫热的白饭与所有的配菜和辣面酱拌匀，因此没有像其他飞机餐一样，饭、菜、肉、汁煮好了之后，被一起挤在小小的盘子中，在分发给乘客之前一加热，就变成一塌糊涂的“冷饭菜汁”。那味朝鲜拌饭可以说是最不像飞机餐的飞机餐，一点儿也没有因为机舱内的环境限制而妥协，令人在吃这个拌饭的时候，真的有一刹那忘记了自己其实正身处狭小的机位上。

移动厨房

其实我并不真正算是飞行常客，但过去十年，因工作关系，也有颇多机会乘飞机到外地。飞机坐得多，都习惯了，但是对飞机餐的好奇心却似乎未有因而被冲淡。每次空中服务员推着窄窄长长的餐车，徐徐地为乘客们分发飞机餐的时候，我都会抖擞精神，就算是睡着了也会被飞机餐的独有气味唤醒，打开折台，整装待发。我常常觉得自己在乘坐交通工具这件事情上是很倒霉的：例如等公车、地铁，总是要目送刚离站的一班车，然后呆等下一班，我想我每个月浪费在等车的时间，可能足够我去多做一两次运动，或者每星期认真地去上一节外语课。可能是上天给我补偿陆路交通上的霉运,在空运旅程中,我时常都会无缘无故被升级到商务舱去。商务舱的膳食,就当然跟经济舱的很不一样。不一样的,许多时候还有形式,例如餐具碗碟比较讲究,菜分开来上,而不是头盘主菜甜品挤在同一小盘子上,而且选择也会比较多一点。但就食物给人的感觉而言,许多商务舱的食物,仍然有一种 mircowave dinner 的影子,还不如"大韩"经济舱的朝鲜拌饭那般超然迈伦;而每道菜分开上的形式,无疑是令人吃得舒泰一点,但也缺少了经济餐那种整齐归一、娇小玲珑的趣味。

不过,假如更上一层,到头等舱的话,情况应该会有点分别。因为有部分航空公司,如国泰航空,于头等舱设有煮食的炉具;有些航空公司更夸张,如海湾航空的头等舱更有一名厨师随航,确保食物都是新鲜、即叫即煮的,而不是那些启航前已经煮好了,然后在机上翻热的"TV dinner"。但若果要有机会品尝那样高档次的空中美食,恐怕要我在陆上交通再运滞十倍,才能够换来一次越级 upgrade,我想我还是情愿乖乖地吃朝鲜拌饭好了。

甜言蜜意

给你一点儿甜头

我是甜食爱好者。我不只是甜品的爱好者，因为连正餐的咸食，我也喜爱味道偏甜的江浙菜。甜点当然绝对要求要甜得光明正大，连阿拉伯世界的一级浓甜我亦从来未曾惊过，最惊的反而是香港独有的“少甜”甜品，像吃一碗红豆汤或者“喳喳”，味道和吃不放调味的早餐麦片一样，这样的甜汤我不如喝碗白开水还更顺意。

关于味道，辣味，跟苦味一样，其实都可能是大自然与我们身体的一种约法三章，是食物对我们的警告，表示它可能是有毒性的，或是不适合当食物吃进肚子里去的。就如有毒的生物，有时候会用它们身上鲜明的颜色去警告捕食者一样。我们嗜辣，某种程度上是“不自然”的，因为辣是一种习惯性的口味（acquired taste），并非我们身体本能地追求的味道，辣的食物也不含有某些我们身体所需要的物质，无助人类得到维持生命的养分。所以爱好辛辣刺激，是一种味觉上的习惯或嗜好。

相对辣味和苦味，咸味和甜味就跟我们的本能亲近得多。百万年来人类进化的印记，加上艰辛的原始觅食环境，我们祖先的身体早为维持生命而发展出一套完整的求生本能策略，例如怎样囤积脂肪，如何消化各类型不同食品等等，其中包括了我们本能地对咸甜这两种味觉的钟爱。因为在自然的环境中，盐和糖都是不容易获得的珍贵食品，它们蕴含了许多我们赖以生存的物质及元素。因此，我们的身体把自己调校成为嗜咸嗜甜的一族，目的是要我们争取进食盐糖的机会。

可是我们的饮食方式，在过去的一百年间起了重大的变化。从麦当劳的成功故事所引发的美式速食文化革命，令生产和售卖食物的人，变成史无前例的超级巨大企业家。这些新的发财手段为了增加利润减低成本，把食物的原意都给彻底地扭曲了。他们就是滥用了人类爱好甜味的天性，和身体要全力吸收糖类的本能，制造无穷无尽令你上瘾的甜味垃圾食品和饮料，从来没有考虑过售卖食物的道德问题。我们的身体面对着千万年来从没有经验过的，几乎是吃之不尽无处不在的糖的冲击，完全违反自然不合常理，身体也无法在短短数十年间进化出一套对策。悲惨的我们，只有被动地听从身体最自然的呼唤，狂吃最不自然的食物，钱包被人掏空之余，健康亦渐渐离我们而去。这是20世纪其中一个影响最深远的人为灾祸。

香甜记忆

我记得小时候看姨姨姑姑们带小孩，有什么哭闹不停的，就拿自己的小指头蘸一点蜂蜜或者麦芽糖之类，给小娃娃吮着，立即就不再哭了。只要一粒小小的糖果，已经能令小顽童破涕为笑。可能从前物质生活没有现在的“放荡”，一粒糖还真的有它自己的尊严和价值。

传统中国社会，在不同的朝代都有经历过极富极贫，而两者并存的时间可能更多。但无论有多富裕，甜点从来都是一种奢侈品。所以，糖果是代表开心快乐和幸福的好东西，在任何喜庆节日，糖果糕饼之类的甜食都会成为正餐以外的焦点。这种风俗似乎中外皆然，可能是跟人类把本能对甜味的偏好投射到幸福满足的感觉有关。

当糖还未曾被美国的饮食“制造商”拿来当成俘虏大众的工具，当食物还是由人手用心制作，而不是在工厂由被剥削的工人用无情的机器复制，我们有许多由糖果匠精心钻研出来、既踏实又窝心的传统甜点。这些好东西，只要花点时间去找找，还是可以找得到的。

饴神饴鬼

外公、外婆住在荃湾，自己幼小时也住过一阵，搬到九龙之后还是常常到荃湾玩，尤其是在大时节。外公来自上海，春节全盒中必有奶油瓜子、冰糖莲藕莲子之类传统小吃。小时候只懂得吃，后来才知道婆婆跟舅舅、姨姨要排队排上老半天，才抢购到一斤半斤奶油瓜子和冰糖莲子。

那个大排长龙的地方叫“陆金记”，在荃湾大河道的本店，老一辈在港的上海人无人不知。有超过五十年历史的陆金记号称瓜子大王，新一代的老板陆赛飞先生说，祖业的确是炒沪式瓜子起家的，一粒粒黝黑的、如小指头般大的瓜子，都是由甘肃出产的西瓜中取出来，经盐水冲洗，放入调过味的水中煮出味道，最后干炒而成，全个过程都是在香港进行的。我自小在外公家处每年春节都吃的五香酱油和奶油瓜子，原来是这样做成的。

至于我最喜爱的冰糖莲子莲藕，陆金记卖的当然也是好货，我几十年来吃的都是它的出品，外婆吩咐一定要在这里买才好。莲子莲藕的原产地都是湖南，所谓“湘莲”，就是湖南出产的莲花产品，有口皆碑。糖莲子莲藕都是果脯类食品，通常都是用风干蜜饯等方式处理，一来方便贮存，二来味道好。糖莲子历史悠久，在明代以前就已经出现，不过历来都是富贵人家的专利品，是大院子内娇滴滴的有钱太太和千金小姐的口果。陆金记的陆先生说，当年他父亲就是看穿这一点，所以决定除了瓜子以外，也多卖其他果脯糕点，香港人也好上海人也好，都爱好意头的和能够显露身份地位的食物，生意也就滚滚而来。

洋人当然也有他们的果脯。我吃过的不多，当中最爱的，也是其中一种最经典的，叫做 marron glacé（法式糖渍栗子），即是糖栗子。Marron glacé 是法国人的另一伟大发明，多数产自邻近里昂的栗子产区，已有最少三百年历史。Marron 其实跟我们平常吃的栗子有些微分别：它比栗子大得多，外衣也较容易剥下，果实本身也没有栗子般容易碎开。亦因为产量少，marron 的价钱要比一般栗子高很多。而经过差不多二十项工序才能制成的 marron glacé，也自然成为天价糖果。

图 1-1

吃糖莲子我们追求松化清香，轻巧怡神；吃 marron glacé 就很不同，它浓甜绵软而不带沙质感，细腻幼滑而保存了栗子的香气，吃一颗就已经分量十足，够你在舌头上回味好一阵。糖莲子可以放在茶里泡，marron glacé 的用途就更广泛，我们常吃的 Mont Blanc 蛋糕或栗子蛋糕上面的 créme de marrons，就是由 marron glacé 压成蓉所做成的，所以从前在饼店定做栗子蛋糕是特别昂贵的。

糖莲子是喜庆贺年食品，marron glacé也是圣诞节的传统美点，两者都是甜蜜蜜，但却又可以从两者的明显分别中，轻易看到两种文化的不同特色，感受到一个含蓄一个浓郁的对比。所以说要了解一个地方文化，你是不可能不认真地去吃的。

后 记

在众多中式糖制果脯之中，用途最广泛的相信是糖冬瓜。糖冬瓜作为中式糖果其中重要一员，在贺年全盒中，风头却远不及糖莲子莲藕马蹄椰角等等，通常都只是静静地待在那儿被人忽略。可是，糖冬瓜却原来是很多中式甜品的幕后功臣。就举两个例子，香港人引以为荣的“老婆饼”，当中晶莹如白玉的馅料就是糖冬瓜蓉做的了。另外，我自己最爱的用法，就是把它跟咸蛋黄、碎芝麻、碎花生等混在一起，用来做汤丸的馅料，真是好吃得令人心比蜜甜。这种闽粤一带风味的汤丸，想吃又不想自己动手的话，可以去“囍宴”吃，不错的。

上海双龙陆金记 瓜子大王	荃湾大河道 5 号地下 电话：852 24922251
Pierre Marcolini Chocolatier	Rue des Minimes 1, Place du Grand Sablon, 1000-Bruxelles tel：32 02 5141206 www.marcolini.be
囍宴 甜·艺	地址：香港湾仔永丰街 8 号 电话：852 28336299

小蛋糕，大美人

又要骂香港人了。

真的不知道是谁之过，所以得事先来一个郑重写明，事情绝对有可能是因为我的偏激，或者是我矫枉过正的讨厌作风，累得长期陷于旁人可能觉得无聊透顶、但在自己却义愤填膺的餐桌意难平之中。有时候，看着听着邻台大言不惭的先生女士们，乱点乱吃之余还要充专家，不停地肆意抨弹语无伦次。这种情形，虽则心头早已冒火，也尚能把持得住，通常一笑置之也吧；但当食物强奸犯是同台人，特别是友人的特别好友之类，嚣张得令人想吐，其时却只能勉强流露一种礼貌式的冷静，并硬生生地把要詈要骂的，都随着嘴里的食物一起，咕噜一声吞进肚子里，这才真叫人纳闷得要紧。

在种种“餐桌意难平”之中，最叫我难受的，就是“甜品强奸案”。我从前听过一位老外批评中国菜，说道什么都好，什么都有文化有艺术有深度，就是甜品不济事，严格来说中国菜根本就没有甜品可言。我听罢当然无名火起三千丈，怎么会没有甜品呢？常见的如各式月饼、红豆甜汤、水晶包、枧水粽，乃至巧手的如甜烧白、三不黏、反沙芋、八宝饭等等，还称得上是五花八门、多彩多姿呢。

后来发现那名老外是从多次来香港的饮食经验之中，体会出这个不是道理的道理来。这就令我顿时熄灭无名火，一丝丝同情更油然而生，因为我也常常感同身受。如果你问我，我当然不会说中国菜没有甜食，就正如我先前所举的例子，都只是甜食大系中的冰山一角而已，因此怎能说没有呢？但在香港，如果你告诉别人你嗜甜的话，有时真的会令自己忽然在饭桌上被边缘化，严重程度有如在大型家庭聚会中，公开宣布你决定放弃会计师的高薪厚禄，转行以艺术家为终身职业，又或者当众 come out，义无反顾地承认并怀抱自己的同性恋倾向一样糟。

说来没错，在香港，嗜甜是要 come out 的。“什么你喜欢甜食啊，哎呀，甜甜的我最怕了，不要啦”这是我 come out 之后通常会得到的令人沮丧的回应。不知从何时开始，大部分香港人变成了闻甜色变，甜品糖水铺为了生计，纷纷将食品的甜度降至最低，以求迎合大众的扭曲口味。我常常听到的一个世间上最荒谬绝伦的说法，就是有人盛赞某某甜品店的东西好吃，因为它们的味道一点也不甜——这不是荒谬绝伦是什么？你会不会说，这间美发厅好啊，因为它做的发型一点也不美，又或者说这间古董店好啊，因为它卖的古董一点也不古老呢？

光怪陆离，这就是香港。

小甜甜

我当然誓要去为咱们的中华甜点来个大平反，但所谓知己知彼，正好先来个西洋甜点的探讨，反正嗜甜是无分国界的，对吗？

早前有机会到纽约，那是初冬时节，穿的也不算温暖，还瑟缩着身躯在西村的某街角，与一众 New Yorkers 一起大排长龙，为的就是那一口小小的纸杯蛋糕（cupcakes）。这间在纽约西村布利克街（Bleecker Street）的饼店叫 Magnolia Bakery，她之所以能如此门庭若市，全赖多年前红极一时的电视连续剧 *Sex and the City* 的吹捧。这里的 cupcakes 最低限度必定新鲜，好不容易买到一盒四个，吃一口，蛋糕是可以的，但上面的糖霜（icing）、唧花就好像很敷衍，味道也是美式死甜，跟硬吃砂糖无异。其实，在吃这个 cupcake 的时候，我真的有吃到尚未溶解的砂糖在里面，就算生意好赶不及出货，也不用如此马虎了事吧。这样的出品，又不便宜又要排队，我倒不如吃砂糖算了。

回到香港，听说有一间专门卖 cupcakes 的店在海怡工贸开张了，还说品质相当不赖。这店有个可爱的名字，叫 Babycakes，还有一个更可爱的副题：cuter than pie。其实这种甜点在上世纪 50 年代的美国非常流行，几近成为了所有北美人集体回忆的甜点，还有一个更有诗意的名字，叫 Fairy cake。Fairy cake 是英国人的叫法，就是较美国人的叫法要多少许文化色彩。但是今天若果你说 fairy cake，没有多少人知道你在说什么，这再次说明了平庸的东西是比较会得到大部分人的拥戴的。

然而，这家 Babycakes 却绝不平庸，一踏进店内，就有一种温馨的气氛。可能因为店主拉克伦·坎贝尔（Mr. Lachlan Campbell）是为了多花时间与妻儿共聚，而毅然放弃投资银行的优差，来个中年转行去卖可爱小蛋糕的关系，小店内每一分每一寸都洋溢着温情，加上访问当日是个大晴天，简直令人一走进去就不愿意离开。令人不愿意离开的原因除了环境之外，当然还有蛋糕。Babycakes 的 cupcakes 绝对比我在 Magnolia Bakery 吃的要好得多：蛋糕松软、奶油糖霜清香可口、甜味浓郁，最重要的是小小的一件蛋糕，就令人吃得出里面所承载着的诚意，和做饼人对这件饼所付出的爱。爱是严选的优质食材、精致的口味配搭，再加上店主环游多国的蛋糕店所得来的借鉴，然后挖空心思做出来的，超过十款美味又美观的小小纸杯蛋糕，每一个都是活泼可爱的小甜甜。

大 美 人

在跟拉克伦的对谈中，他透露了一个甚为有趣的统计：买 cupcakes 的有百分之九十以上是女性。其实，甜品对于女性来说，真是爱恨交缠的勾当。男人甚少对自己的外形有太大关顾的，相反女孩子就总是要节制饮食来维持外貌身段；男人可以肆无忌惮地去孕育他们的啤酒肚，女人却要乖乖地抗拒甜品的诱惑，即使破戒，也是点到即止，所以这小小的 cupcakes 就正好派上用场。

结婚饼创作人 Eva Liu 亦跟我说，来她店订饼的都是全权由女方做主的为多。她们都要一个又大又美丽的结婚蛋糕来陪伴她们告别少女情怀，步入人生的另一阶段。

Eva 的入行经历也和她的婚礼有关，事关事事要求严谨的她，对自己婚礼上的蛋糕未能符合心目中的标准，不但耿耿于怀，还有点不忿气，认为香港应该要有一些像样的结婚蛋糕设计师，来避免准新娘们重蹈她的覆辙。于是 Eva

就凭着她本身对绘画及陶艺的认识，到纽约学习成为一名 sugar artist，回港开始为一对又一对新人设计蛋糕。如果拉克伦的纸杯蛋糕是邻家可爱小女孩的话，Eva 的蛋糕就是彻头彻尾的大美人；Eva 的作品有一种平实的贵气，简单流畅而抢眼，隆重端庄而又毫不卖弄，正好呼应一场羡煞旁人的婚礼上新娘子应有的种种气质。

图 2-1

也不是一定要婚姻大事才可以订饼的，Eva 也有不少庆祝生日、周年纪念等等的客人。问问 Eva 美丽与美味如何平衡，她用最直接的语调说，这种为特别日子而做的礼饼，外形当然比较重要吧。不过，当美貌与智慧都可以并重的时候，那么美丽与美味又怎会有冲突呢？只是要做成多层的蛋糕，从结构上来说，蛋糕本身就要挺身和干燥一点，因此未必有普通单层蛋糕的松软口感，但味道上绝对不会比一般蛋糕逊色。Eva 特地弄了一些小型礼饼给我和编辑小姐尝尝，这些珠宝盒形的蛋糕内里是 chocolate brownie，Eva 说是她正在研制的新口味。老实说，如果每个婚礼都有一个味道和外表都有这般水准的结婚蛋糕，我可愿意多做几百元人情贺礼，来好好支持一下这些新人精辟的个人品味。

后 记

Eva 还告诉我两则颇为骇人听闻的、有关结婚蛋糕的传说：一是假若当伴娘的，拿了婚礼当日切下来的一件结婚蛋糕，悄悄把它藏在自己的枕头下面（Oh my God！），那么当天晚上就会梦见自己的未来丈夫。这异常核突的行为都还算情有可原，怀春少女谁不想早有着落，只是此举未免太龌龊，太不合卫生。不过若果说不合卫生，那么另一个传统就更可怖：新婚夫妇会把自己的结婚蛋糕最顶层留着，到庆祝结婚一周年纪念再拿出来一起吃（Oh my goodness！How filthy！）。留了一年的饼，还怎能放进口里去呢？唉，好心再订造一个新的结婚周年蛋糕啦！

Eva Liu
Confectionary
Artistry

香港中环云咸街 22 号 5 楼，
于 White Bridal Couture 预约
电话：852 23764900

Babycakes（已结业）

浓情朱古力

我曾经一直希望自己是一个“影迷”。大学时代，每逢邵逸夫堂晚上有电影放，我都会由山脚的学生宿舍徒步前往大学本部，与其他书院的同学一起看电影。那时候处于比较失控的思想冲激期，对与艺术相关的活动盲目追随多于一切，什么样的电影什么样的书和戏剧舞蹈表演等等，都会逼自己去看，看完之后还要混充着一副专家的模样来说三道四，跟同学们争论得面红耳赤，急不可待要晋身艺文知青之列。

结果，“影迷”当不成，因为最后不得不承认自己的资质有限，文艺片还可以，严肃的艺术电影之类，入场都只有一头雾水、昏昏欲睡；连最富娱乐性的帕索里尼都闷得要一张 DVD 分三次看，每次看不够十分钟就睡着了，结果无法一出戏从头到尾看完。至于“艺文知青”方面就更不堪，名著小说一本也没读得完，《百年孤寂》读了足足十年，还没有读了一百页，相信等到马尔克斯不幸百年归老，我也许还未能完成他的“百年”，真惭愧。

沮丧地爱

面对这个事实，无疑是非常令人沮丧的。但无论如何沮丧，都只是一种感觉，没有什么实在意义。知道了自己的长短处，努力尝试取长补短是唯一的出路吧。所以，我后来就决定把电影和阅读当成为兴趣。请别误会，这绝对没有蕴含任何反智的动机，而是要把时间和精神多放些在自己的工作和专长上去，不再做些无聊幼稚的梦。认真严肃的电影和书本还是照看照读，只要精神好一点时看，不要轻易睡过去就好了。也保持开放态度，避开表象，要明白不适合自己的不一定坏，看得人喜孜孜的有时也可以是毒药。

发了这样长的唠叨，其实是想谈一出十多年前的电影和书。电影叫《浓情朱古力》(*Like Water for Chocolate*，原名*Como agua para chocolate*)，是1992年出品的一出墨西哥电影。电影本身非常悦目，里面要说些什么就见仁见智，总之桥段都是有关食物和爱情。可能因为关于食物的缘故，而电影的女主角又不停地烹调着看似很美味的菜，所以我当时对此片的印象极为深刻。

《浓情朱古力》改编自同名小说，作者是墨西哥人Laura Esquivel，此书是她的处女作。因为书中每一回都是从一味菜肴的食谱开始讲故事的，所以也吸引我把小说买回家，跟着试弄一下里面的菜式。当然，菜煮得不成功，不过当中的过程还是满有趣味。可能因为电影在港很受欢迎，当年有一间在中环Glenealy街，好像是卖非洲菜的餐厅，曾经推出过一份如实根据小说里的食谱制作的套餐。在家里厨房实验失败的我，当然有去光顾这份《浓情朱古力》晚餐。虽然年代久远，但我还清楚记得那道quail in Rose Petal Sauce（玫瑰汁鹌鹑）和餐后甜品Ch-abela wedding cake（婚姻盟誓婚礼蛋糕）的美味，然而我却怎样也无法记起这餐厅的名字。不过记不记得都不重要，那餐厅早已经消失了。

辛辣地甜

很久以后我才留意到，这本小说的名字有一个吊诡之处是在这本充满各种食物的书里面，几乎没有提及过巧克力，为什么书名要有chocolate这个字呢？原来como agua para chocolate是西班牙语系国家的一句常用谚语，大致是用来形容滚烫的热情或火爆的怒气。不过，提起我兴趣的并非此谚语的意思，而是它的由来，因为都是跟食物有关的。

可可豆（cocoa bean）是中美洲原住民的黄金。古代的玛雅人，会把可可豆当做钱币去用。而他们的王族有一种尊贵的饮料，就是用可可跟香料混合而成的。后来欧洲人攻陷美洲，也把这种饮料带回欧洲去。原本玛雅人，或阿兹特克（Aztec）人的可可热饮是充满辛辣的香料味，略带苦涩的，习惯了食味温婉平和的欧洲人不太喝得惯，于是把原来用热开水冲调的可可热饮，改用热牛奶，并加进蜂蜜或蔗糖，情况就跟茶和咖啡传到西方后变了加糖加奶的饮料一样。可可热饮在加糖加奶变成儿童口味之后大受欢迎，从此，巧克力跟糖和奶就结下了不解之缘。而西班牙人也借用了原住民用热水和可可做饮料的传统，发明了 como agua para chocolate 这谚语。

我第一次像样的热巧克力经验发生在罗马。因为我对咖啡有过敏反应的缘故，跟朋友们游意国时，走进满街都是的 bar（其实是糕点、轻食加饮料的歇脚小店）里面，当朋友们兴奋地喝着 cappuccino、expresso 时，我只有点热巧克力。那儿的巧克力饮品大都是严谨的欧陆式，就是巧克力含量高以及用热开水而不用牛奶的喝法。饮品端来时，呷一口，浓得良久也化不开的可可油香，喝罢一小杯就抵得住一份头盘的饱肚感。后来单人匹马重游罗马，每天都要来一杯，当中在Prati区一间叫Faggiani的店喝得最难忘，浓得如中药一般，不下糖喝有一种好像品尝黑啤一般的情操，是脱离稚气的“儿童口味”巧克力的经验，十分过瘾。

近年，西方人兴起“寻根热”，许多认真的巧克力爱好者，开始意识到可可原本的吃法，是savoury而非sweet，而且跟辣椒等等味道刺激的辛辣香料一起，是远古的原配。有一趟回加拿大，朋友载我到一间偏远的叫Euphoria的巧克力店。那是一间严肃的店，不是指店内的气氛严肃，而是他们对巧克力的认真程度令人肃然起敬。因为我的朋友认识店主，所以获得额外殷勤的接待，其中一样就是多了一杯welcome drink。那杯warm chocolate跟在欧洲喝的完全是两码子的事。这杯暖暖的，有奶油浮在上面的热巧克力，虽然是用牛奶来冲制，但当中的香料配搭得宜，令每一口都好像舌头上发放着不同颜色的巧克力烟花一样。之后我便认识了Aztec Hot Chocolate，在这店买了一包回家，自己试着冲制家常的Aztec Hot Chocolate drink。

可能是水土关系，在Euphoria买的冲剂在香港未能完全做到Aztec Hot Chocolate的效果，于是我又再到处找寻，找到了一罐Mariebelle的Aztec Hot

图 3-1

Chocolate。这罐的好处是里面的可可豆都是来自同一来源，令味道沉厚而有特色，明显跟平常的厂制巧克力有层次上的分别。而且它是由原装巧克力砖打成的碎片所做的，并不是用可可粉加工，溶解后质地更黏稠，更醇滑。不过还是要自己稍稍改良，配些真实的香料调味，才能令做出来的热饮更活灵活现，更有幻想中的复古气氛。

恐 怖 地 好

其实，令人肃然起敬的巧克力专门店，并非一定要在外国才找得到。近来，继脆焦糖蛋糕（caramel crunch cake）的回归之后，香港忽然之间涌现了另一款时髦生日蛋糕。这新宠有三款不同的内涵，但却是外表一致的三胞胎，光是猜它蚌中衔的是什么珠就够好玩了，它的食味还要逗趣而高雅，难怪旋即成为生日会的热选。吃过数次以后，终于按捺不住，决心不耻下问。友人轻带半分鄙薄地说："难道你没听过'Awfully Chocolate'吗？怎么这样落后呀！"

被人奚落过后，当然要急起直追。上网做点功课，马上明白为什么自己会得到如此对待。不懂Awfully Chocolate实在是要打屁股，这甜品店以前瞻严肃的食品概念，由狮城一路北上，征服了北京、上海、台北三大中华都会后，终于来到了香港。以回归原本的严格守则锁紧品牌的定位，既聪明又大胆。全店只售卖三款蛋糕，不设试食，不分件单售，没有样板蛋糕放在橱窗招徕，亦不会因为客人的偏好而改变材料及做法，总之就是有尊严和有良心地去卖一个饼。这种店，我以为早已跟恐龙一同绝种了。

把这个星洲品牌带来香港的 Regina，是一位有独到见地的年轻创业者。凭着家族经营洋酒生意的背景，运用了饮食业的专门知识，再加上胆色和热诚，造就了 Awfully Chocolate 成功登陆香港，现在还积极地筹划第二间分店。老实说，在往铜锣湾新会道探访 Awfully Chocolate 之前，一直都有为这里的老板捏一把汗，因为如此刁难顾客的姿态，对于娇生惯养、目中无人的香港消费者，无疑是一项公然挑战。但跟 Regina 碰面后，不得不心里暗暗喝彩：老板娘不但豁达，而且有坚持做好一件事情的心胸气度。起码在言谈间，Regina 表示自己对 Awfully Chocolate 的三款招牌巧克力蛋糕充满信心。原来她在上海时，是因为真心真意地爱吃 Awfully Chocolate 的蛋糕，才会想到要把它带来香港。她不期望、也不渴求每一个人都会喜爱这些蛋糕，她只知道要把蛋糕做到最好就可以了。有点像父母对待子女一样，不用别人都爱他们，只要自己能真心真意地爱

图 3-2

他们、栽培他们，最终他们必有所成。这种纯正和坚贞的爱，正是我们的社会严重缺乏的。但愿每一个光顾过Regina的饼店的客人，都能感受到这种爱，把它带到自己的生活中，就好像《浓情朱古力》里的主角Tita一样，能透过食物去表达自己的爱一样。

后 记

实在忍不住要分享一下这个特别有个性的阿兹特克巧克力热饮，破例写出以下食谱，多多包涵。

Aztec Hot Chocolate Drink的材料：

—— 半杯“Mariebelle”Aztec Hot Chocolate或60%以上的纯巧克力碎。

—— 一棵小辣椒去籽。基本上用有辣味的辣椒就可以，用有辣香的更好，干的也好用。我只用了普通的指天椒干一只。

—— 一条两英寸长的肉桂。我用了外国的肉桂（锡兰／印尼），中国的桂皮其实是相当类近的品种，但味道不太一样。尽可能不要用肉桂粉，香味不及原枝肉桂之余，也很有机会含杂质。

—— 一茶匙香草精，若果你有原条香草豆荚（vanilla

bean)，效果当然会很好。但我觉得，这个食谱用优良的香草精其实已经足够。我用的是在加拿大一个调味料制作朋友造的香草酱(vanilla paste)，没有酒精成分，不过多了少许糖分。

—— 黑胡椒少许。我用了即磨的原粒杂色胡椒，贪它的新鲜辣味之余还带有胡椒香。胡椒用多少适随尊便。

—— 盐少许。我用的也是即磨的 red salt，不知是否夏威夷原产的，味道没有一般餐桌盐的辛辣刺鼻。这里要注意，盐只要用很少就足够，千万别让人啖出盐味来。

—— 水半杯多一点点，因为在浸肉桂时会被吸收了部分。

—— 鲜打生奶油。

做法：

先把肉桂和辣椒放水中略浸，让肉桂吸水发大和出味。然后连水带料放小锅略煮。待水煮开后一会，闻到肉桂的香气，放一茶匙香草精(vanilla extract)后就可以关掉炉火，把肉桂和辣椒拿出来弃掉，并立刻加进巧克力碎，搅拌至完全溶解，再加入盐及胡椒略为拌匀。之后把做好的热巧克力倒进有柄的小茶杯或咖啡杯中，上面再放 whipped cream，大工告成。

上面的分量是一只平常咖啡杯，一人前的温饱热饮；不过也可以用两只 expresso 杯子分开来盛，两口子一人一杯，若果饮得意犹未尽，就拿热情来补足好了。

Euphoria Handcrafted Chocolates	9103 Glover Road, Fort Langley, B.C. Canada Tel：1 604 8889506　www.euphoriastore.ca
Faggiani	Via G Ferrari 23-29, Vatican, Prati & West, Roma, Italy Tel：39 06 39739742
Mariebelle (SoHo)	484 Broome Street, New York City, NY, U.S.A. Tel：1 212 9256999　www.mariebelle.com
Awfully Chocolate	铜锣湾希慎道 2-4 号蟾宫大厦地下 15 号铺 电话：852 28820450 www.awfullychocolate.com

安分守己苹果派

“香港是块口福之地”这个说法，相信在大众的心目中是成立的。但可能因为我生于斯长于斯，对这个地方的感情深厚，爱之深责之切，也对她的期望和要求特别高吧，所以实在没有办法对香港今天的饮食文化和生态毫无保留地吹捧，总觉得有不足之处，总觉得表面精彩但内涵欠奉。只不过，有时候我也不禁会自我省察，像我这种早熟的老而不，是否都应该懂得随俗一点，不要老是百般挑剔惹得神憎鬼厌。当社会大众普遍都无奈地习惯了失忆，都只能享受金玉其外的虚幻，都越来越着重 feel good 多于 know how 的时候，我可能也应该识趣点，多着眼一些令人好受的等闲事，多给自己和别人一些无痛空间，好追赶上臭美文化。

那就先来个唱好香港。“美食”这回事，今天对于许多港人来讲，可能是要求诸多不同种类的选择和吃得出一个重点，即是吃完之后，要好像奇闻一样可以跟亲友们言谈间分享的，才算是“美食”。为了满足消费者，食肆于是出尽法宝来迎客，怪招亦层出不穷，令大家都被这些幌子迷住，可能没有留意到香港在吃方面的其他真正强项。例如食材的种类和质量，当中最显而易见的首推海产类。我的家跟大多香港基层家庭一样，晚餐只要有一尾价廉物美的鲜鱼坐镇，配青菜白饭就成了最温暖舒泰的家常饭了。我有些自幼在香港仔长大的同学，听他们随随便便就能念出数十种不同季节的常见海鱼，款款都是他们最平常不过的家庭饭菜，冰鲜鱼对于他们来说是有如火星人一样遥不可及的一个概念。他们的钱包未必丰盛，但就吃这个人生大课题，他们的童年食桌可能要比许多豪绅们的还富饶得多。

香港本来就是个渔港嘛，四面环海气候温和，海产渔获丰盛似乎很容易理解。其实香港另外还有一样得意之作，可能没这般容易联想得到，就是水果的质量与种类。香港当然在众多事情上都未能与世界其他真正的大都会如纽约、伦敦和东京等相比，说自己是“中国纽约”都只是心术不正者捂着良心讲的废话吧。唯独这件事我们却长久以来处于世界前列，就是港人吃水果的文化。香港人就是爱水果，正因为有需求，就有供应。本土产量和种类很少，于是大量入口，吃不完的还可转口到其他交通没有一样通达的地方来赚钱，一举两得。就是这样，凭着零关税及极宽松的农产品入口限制，令香港曾经是世界其中一个最多姿多彩的鲜果集散地，也造就了油麻地果栏批发市场的神话。

水果之都

今天，中国内地不但是全球三大水果生产国（与美国及巴西鼎足而立），也再不需要单靠香港来转运内地未有种植的异国风情果了。不过，香港始终还是个水果之都，就看入口量，香港依然是美国及澳洲等强大水果输出国的其中一名大客，每年的入口总值仍旧可观，而且一向因循保守的港人，在吃水果这个回合却表现得莫名地富冒险精神，令香港市面上可以买得到最新鲜最地道的各式环球美果。曾经有说，如果在香港的果栏找不到的，那种水果大概根本不存在。这说法当然夸张，但显示出香港水果市场的国际性及多元性。

有人喜爱的东西，也自然有人厌恶。我大学时期就有一位对我很关顾、常常暗中鼓励我写作的师姐，她是有水果恐惧症的，除了柠檬和椰子之外，其他一切水果，别说要她放入口中，就连嗅到果香味甚至只是言语间提及到，也会令她万般难过。她平常逛街，老远看到前面有水果店或果汁店之类，都要马上绕过另一边马路去，尽量远离她的天敌。我记得她最怕的是橙，她曾经说她的经典梦魇就是遇上亿万个橙堆成的大山向着她崩裂倒下，铺天盖地的橙浪像海啸一般向她迎面进攻，你可能想象这个情景时还会觉得有点滑稽，但这对当事人来说，却切实是种不足为外人道的苦难。

我自己没有水果恐惧症，但也绝对不是一个水果狂。其实，我日常生活的餐单之中，水果从来都不是常备项目。从不多吃，甚至一星期也没吃一次水果，只是大量吃煮熟的瓜菜和果干果仁，尤其因为我的体质问题，加上呼吸道比较容易出毛病，中医师就常常告诫我少碰生冷寒凉的食物，其中当然包括一切果品。唯一一种可以吃的，是苹果。

就谈谈苹果吧，她肯定是水果界其中一位天皇巨星。她产量多，物种遍布全世界各地，亦跟许多民族的传统文化有千丝万缕的关系。她是令亚当夏娃堕落凡尘的禁果，她是启发牛顿研究出万有引力的灵实；她也是世界首都纽约的小昵称，亦可能是你学的第一个英文生字，“A for Apple”，她是令人远离医生的每日一良伴，但她也是令白雪公主昏迷假死的毒蛊。总而言之，苹果跟西方的文化历史渊源深远，没有一种水果能够超越她与现代人类文明的密切关系，没有一种水果有如她一般丰富的人文故事背景作后台。苹果本身就是一颗传奇之实。

经 典 之 味

树上的苹果花开过以后，累累的果实通常在秋天收成。所以传统上，苹果是跟秋冬有着亲密关系的时果。苹果也可以算是其中一种最成功地入馔的水果类食材。无论古今中外，用到苹果来做菜的例子比比皆是，有用在咸品中的，如焗酿苹果猪大排和南北杏无花果猪腱肉煲青苹果汤等。用在甜品中就更加是五花八门，不过没有一样比传统的老好“苹果馅饼”,或香港人称“苹果批”(Apple Pie)更经典了。在香港，苹果批这东西听起来好像很普通，但其实你想要找一个鲜制的，经典模样而不少不多的，也没有古灵精怪矫揉造作的老实苹果馅饼，原来一点都不容易。

直到有一次我到沙田凯悦酒店去试做他们水疗中心的新面膜疗程，临离开时，在大堂一隅的Patisserie的橱窗内，看到一个正襟危坐的八英寸馅饼，旁边黑板上写着“沙田苹果批”，试吃了一角，唔……香港除了有自己的手信，现在终于有自己的苹果批了。这要多谢沙田凯悦酒店的负责人，在起初建立酒店饼房时，绞尽脑汁希望找到一件完全属于“沙田凯悦”、只此一家的骄傲出品。终于在一次近郊远足时，发现了永和蜂场这个有若被本土人遗忘了的山中黄金窝，于是因利成便，用他们的纯粹本土生产正冬蜜为

图 4-1

主要调味料，配合青色的Granny Smith和红色的Red Delicious两种苹果来平衡正冬蜜中的弱酸味，再加上传统的苹果馅饼配料，如葡萄干及肉桂皮等，创造了一个每天新鲜出炉的清丽脱俗苹果馅饼。我个人口味是非常倾向嗜甜的，故最讨厌港式“少甜”甜品。但这个沙田苹果批，虽然甜度远低于她的传统姊妹批们，但她的少甜来得十分有道理，因为太浓甜就会辜负了永和蜂场正冬蜜那一抹微弱酸香，同时糟蹋了师傅反传统地用了两种甜度不一的苹果做馅料的用心，无法食出青红两果优雅地烘托着冬蜜而变出来的细致味感。这个苹果批亲和得好像直接从家里的烤箱中弹出来似的，圣诞若想请客又想偷懒，大可以买一个沙田苹果批回家装作自制甜品，肯定人人身心温暖。

后 记

其实我真的很不安于现状，连吃水果我也喜欢不直接的吃法。吃苹果除了要吃馅饼或拔丝，也爱喝汁，而且爱温热地喝。香港不是个冰天雪地的地方，温热的苹果汁是件比较令人难以理解的事。但如果你是生活在冬天又冷又湿濡濡的英伦或德国，你就会明白那杯暖烘烘的warm apple cider有多可爱。为了要找这杯温汁来映衬那清丽的沙田苹果批，我花了很多时间在网上找寻，还不停地问朋友，结果都是寻不着。在我正想要放弃而改以比利时苹果啤酒代替的时候，就给我在中环文华东方酒店的Cafe Causette遇到了，是那里的冬日温暖特饮。我常常都说“文华”是个真正“靠谱”的好地方，今次又是她为我解决了疑难，教我如何不爱这个令你心内暖的地方呢？饮胜！

Patisserie

新界沙田泽祥街18号沙田凯悦酒店

电话：852 37231234

Cafe Causette

中环干诺道中5号香港文华东方酒店1楼

电话：852 28254005

冰雪聪明

冰镇的食物我自小就无福消受。体质孱弱加上哮喘病，令小孩时代的我经常要光顾医生，每个月总会有一个星期多的时间是病倒了的，患的也多是胸肺气管的疾病，禁吃生冷的食物成为了我的生活习惯。但小孩子的性格就总是越不能吃就越想吃，每到夏天，林林总总的冰凉消暑甜食，我都只有看的份儿，心里挺不好受。偶尔身体状态回勇，妈妈或许会批准我破戒，那我就会喜孜孜地跑到楼下的办馆，蹲在雪糕柜前细心挑选我的珍贵冰点。妈妈也会和我一起选，她最爱红豆冰棒，我就爱马豆椰子冰棒，或者“旺宝”，又或者火箭形的三色果汁冰棒等等，这些都是我的心头好。莲花杯和甜筒偶然也会吃，但难得有机会冰凉一下，总觉得冰棒比莲花杯要花俏一点，也更适合炫耀。一手拿着冰棒，一面玩飞行棋或斗兽棋的模样，我当时觉得又酷又帅。是小朋友的心态吗？总觉得自己因病不能吃冷的食品是一件羞人的事，而小孩最需要同龄朋友的认同，吃不得冰淇淋而遭人窃笑，是对幼小心灵的一种打击，一种小型的群众压力。

冰毒

幸好童年的经历，并没有完全把我打垮，也没有令我伤痛性地沉溺于冰淇淋类型的食物当中。当然，我还是喜欢吃冰淇淋的，但绝不迷恋，也不会被它支配我的行为。说冰淇淋会支配人好像有点过分奇情吧。其实我从前也没有想过，会有人把冰淇淋当成毒品一样，依赖它来逃避现实的。直到我遇上了不下数位有亲身经历，因为失恋因为自卑因为压力或因为痴肥，而决定放弃自己，缩在沙发一角，捧着五公升特大家庭装冰淇淋呆吃的朋友，我才相信这世上真的有另类“冰毒”存在。

有这种现象，可能因为冰淇淋是快乐、童心和溺爱的象征吧。它比巧克力和糖果更纯粹地代表着一种“放任的愉悦”，是一种仿佛能把你带回无忧无虑的孩童时代的魔幻食物。七彩缤纷的雪糕球，好像游乐场里小丑手上的一束氢气球一样，富有跨越文化界限的象征意义。所以人们借助它来慰藉自己，是十分可以理解的，而且这也不是冰淇淋的错。好像我，自小被无奈的客观因素逼使自己对冰淇淋的欲望有所节制，却反而令我避免日后“借冰消愁愁更愁”。

所以，雪糕还是应该用来逗人开心的点心，切勿滥吃啊。

初雪

雪糕的起源我可以说是一无所知，只知道众说纷纭。不是我不厌其烦地夸耀自己人，雪糕的起源的确和中国人有些关系。唐代流传下来的一部著作《酉阳杂俎》中，描写了冷饮的制作，曾撰写饮食历史的法国作家 Maguelonne Toussaint-Samat 就认为，中国人发明了用盐来降低冰的温度，加强了冷冻其他食品及饮料的效能，其实就是雪糕机最原始的概念，也是应用科学来冷冻食物的始祖。当然，其他古代文明，包括美索不达米亚、埃及、波斯、希腊及罗马等，都有发明自己的冰凉食品，并不让中国专美。不过，一般人都相信，雪糕这个概念是由中国传到欧洲的。

真正把雪糕这个念头付诸实行的却是欧洲人。以超卓饮食文化见称的法国人在路易十六的年代，即 18 世纪中后期，已经会吃一种冰镇奶油甜点。同时间，在另一饮食大国意大利，亦有 gelato（以牛奶为基础的意大利冰淇淋）和 sorbetto（以各种水果为基础的冰淇淋）的雏形出现，两地亦同时出现过一些果汁冰或奶油冰的食谱或文字记载。第一个类近现代雪糕的食谱，在 1718 年的伦敦出现。书本的名字叫*Mrs. Mary Eales's Receipts*，里面详述了如何用加了盐的冰块做冷却剂来制作雪糕，“ice-cream”这个字也在当时出现。

现代的雪糕，大部分是大量生产的工业制成品。自从美国人在上世纪掌握了工厂式生产雪糕的技术，商业雪糕首先在北美流行。随着家用电冰箱普及化，雪糕从此便成为发达国家的家庭中常备的甜点。普及化的好处，当然是价钱低廉、货源广、售点多和口味选择日新月异。有好处亦必有坏处，我想有好几十年，世界上大部分人认识的雪糕，都是美式制法美式口味，害得人人以为这世界上，就只有香草、巧克力和草莓等几种口味的雪糕，稍微偏离这常规的，都会惹来歧视的目光。而其他富有地区特色的冰镇甜品，更几乎完全被这美利坚文化所吞噬，不见天日。

奇 葩

有一种很独特的雪糕，一直令我朝思暮想了好一段日子。最初在旅游节目中看到，惊为天人，心想原来世界上除了在超市的冰箱里一桶一桶的雪糕之外，还有这有趣的老旧品种。可惜当时只有在其发源地土耳其才可以吃到，千里迢迢只为了一口雪糕，好像有点过分，所以终究没能成行。

终于在一两年前，听闻有正宗的土耳其雪糕品牌，将会在香港登陆，心里自然高兴，但高兴之余，也不是没有忧心的。忧的当然是香港人的狭窄思想，是否容得下这种充满特色的雪糕品种，他们纵使接受她，都可能只是出于赶新奇的心态，然后很快就会认为她不够时兴，把它彻底遗忘。

幸好，这家港人引入经营的土耳其雪糕老字号“Mado”，不但熬过了最困难的创业阶段，之后还开了分店。Mado 卖的正宗土耳其式雪糕 dondurma，我本来以为是用当地的原料在香港制造的。后来跟香港 Mado 的总舵手 Thomas 和 Hermi 见面，细问之下才知道，所有的雪糕都是由土耳其生产，然后运过来香港的 Mado 店出售。Dondurma 跟一般雪糕最大的分别，就是它的韧劲，可以好像面粉团一样拉长，而且 dondurma 在室温下融化的速度远比普通雪糕要慢，所以在土耳其的 dondurma 档摊，常常会有拉雪糕的表演作招徕，雪糕匠也会用戏耍的方式来为客人准备 dondurma，是一种很有民族色彩而又很好玩的街头小吃。

图 5-1

令 dondurma 在质感上有这种特性，是因为在制作过程中运用了一种叫 salep 的增稠剂，是由某种兰花类的根茎球制成的淀粉，再加上乳香树脂，令 dondurma 好像带有胶质一般，有可被拉伸的韧度，亦没有普通雪糕融化得那么快。它的另一特色，就是不用牛奶，而是用山羊奶造成的。别以为羊奶会有膻味，dondurma 不但不膻臊，它比用牛奶造的雪糕有更多的矿物质和营养，而且山羊奶没有牛奶的凝集素 agglutinin，所以用山羊奶造的土耳其雪糕，比普通雪糕更易消化，对肠胃的负担也相对少，是真正老幼咸宜的开心小吃。

图 5-2

急　冻

今时今日的冷冻技术，当然比起原始时代用冰块加盐降温的做法进步多了。冰镇食物当然不只限于冰淇淋和雪葩之类的甜食，很多咸品都是冷吃的，只不过真正好像雪糕一样，要在冰点温度以下才能制成和享用的例子确实不多。

用冰镇的方法来处理食物，细心一想，其实跟用热力煮食的概念上是一致的，都是利用天然或人造的外力 —— 不论热力或是冷力，去改变食材的状态，把它由原材料变成为一道经烹调处理的菜。概念煮食这题目，不就是“分子料理”吗？我的脑袋立即闪现文华东方酒店的名字。文华东方的总厨乌维·奥博森斯基（Uwe Opocensky）是“分子料理”的中坚，曾于西班牙 El Bulli 取经学艺，把成果献给中环文华东方酒店。

“分子料理”中有一招冷冻煮法，要靠一样未来世界的法宝：Anti-Griddle冷煎板。只有不足六年历史的anti-griddle，是芝加哥的分子料理殿堂Alinea Restaurant的传奇总厨格兰特·阿卡兹（Grant Achatz）的鬼主意。替他把这概念实现的，是同样来自芝加哥的实验室器材制造商PolyScience。PolyScience主席菲利普·普雷斯顿（Philip Preston）利用剩余零件，在他自己家里的车房装嵌成世上第一台冷煎板原型，给Alinea用来炮制新菜式。后来消息传遍世界，订单如雪片飞至，PolyScience于是开始认真生产anti-griddle，决定把它纳入他们的常规产品目录之中。

冷煎板的操作非常简单，只要插上电源，不消一刻煎板的锅面就会降至华氏零下三十度，任何放到锅面上的东西，都几乎立即冻结，道理跟在热煎板上烹调完全一样。那你可能会问，用这个冷煎板跟放在电冰箱内冷冻有什么分别？分别是冰箱内冷冻需时，并无法令物件不同部分的冷却程度不一致，而放在冷煎板上的食物，只有贴着锅面的地方会急速冻结，没接触锅面的部分会维持原来的温度和状态。这样，就可以做出一种冷脆皮包着软芯的效果，又或者可以设计味道的旅程，使食物在用餐者的口中，由于食材不同的融化速度，令不同味道有层次地逐一释放出来。

冷煎板说来简单，实际运用却极需要有如文华东方的大厨们一样的丰富经验和敏锐前进的思维，才有好的效果。拍摄当天总厨乌维·奥博森斯基刚巧休假，由sous chef James仗义帮忙，示范了多款菜式，有些更是James和他的团队，于拍摄前一天晚上实验出来的，从未曾在餐桌上曝光。James向我解释，最容易在anti-griddle做到良好效果的，就是类似乳化膏状的食材，例如奶油。James将带有日本山葵味的奶油，用唧袋把一小撮奶油挤在冷煎板上，不一会奶油的底部冻结了，形成一层有若脆皮的表层，但上面的奶油还是膏状的，这效果只有用冷煎板才能够做得到。James半玩耍地用了两片半冻结的奶油，夹着浓缩了的甜味酱油浆和带有山葵味的芝麻粒，做成了一件独特的甜酱油山葵味的小圆饼macaron。深爱macaron的我，当然立刻被这件非比寻常的macaron迷倒，也不得不赞叹新科技和新思维为食艺带来的无尽可能性。

图 5-3

后 记

在芸芸众多冰淇淋食法之中，我最佩服的就是日本人的创意，相信有很多人会跟我有同样看法。日本人就是懂得拿一样本来并非己出的好东西，仔细去研究了解，差不多到达要爱上这东西的程度，然后又总有办法找到一样非常富有日本精神风貌的元素，来跟这东西结合起来，结果好像魔术一样变出一种优良化的、属于日本人自家的新品种。最经典的例子就是“雪见だいふく”，即是我们叫做“雪米糍”的甜品。它是非常聪明的一种再发明，令你可以用手直接拿着冰淇淋来吃，外皮不但跟冰淇淋很相配，还令吃的时候增加了质感上的对比。我相信冰皮月饼的灵感，都应该是来自“雪见だいふく”的吧。

香港文华东方酒店　　中环干诺道中 5 号
电话：852 25220111

MADO Ice Cream Cafe（已结业）

千与千层

原来，还是多比较好。多从来都给人一种丰盛富饶的感觉，少就是寒酸，就是丢脸。所以大排筵席铺陈夸饰是宴客的正常做法，鲍参翅肚龙虾龙象拔蚌响螺五色灵芝冬虫夏草燕窝鱼子酱黑白松露法国鹅肝霜降和牛金箔银箔一大堆，一次过上台，也懒理配搭好坏，但求充出一个豪气干云家财巨万的感觉，挣回面子也就心安理得。反正客人根本不会计较菜肴的烹调和配搭的水准（其实大多人也是味蕾冷感，对食味狗屁不通不懂计较），只顾全心全意去做穿花蝴蝶，炫耀本钱。因此，盘馔也合该与宾客的行头服饰配合，不需要“靓”，只需要“行”。

那怎样才算“行”才算多？百？千？还是万？当然在万以外还有亿、兆，以至无量、大数云云，但其实中国人说到“万”都已经是多得很的意思了。且看麻将有的是一套“万子”牌式，由一至九万，好让你就算未能真正腰缠万贯，也可以糊一手清一色万子来富贵云浮一番；又看小说大戏，一见皇帝马上要喊“万岁万岁万万岁”，四个万字乘起来真的不知应该有多少岁，而慈禧虽与万岁爷这称号终生无缘，也要在颐和园造一座万寿山；连毛主席也接受了“万寿无疆”的祝颂，反而长生不老的大罗神仙就从来没有得到如此厚待。王母蟠桃三千年才开花，三千年结果；白素贞和小青也不过千年道行；就算理应长寿的龟精也只得个九千岁，只有如来佛祖胸前才有吉祥“卍”字，虽然也念做“万”但是意义却又尽然不同……

香港就更变本加厉：不但要多，还要够高才气派。自从飞机不再在启德升降，全个九龙半岛就好像忽然给疯狂施肥催生一样，高楼大厦真的如雨后春笋——不对，已经不再是春笋，而是竹林了。小时候楼高三十层就是摩天大厦；今天，连我外婆也住楼高四十多层的时髦公屋了，商业大厦更上几十层楼也不止。不出一年半载，全城最高的楼将会首次竖立九龙而不再是香港岛。我是个百分百九龙人，上学、生活、成长和居所都在九龙，所以难免无聊地高兴起来：喂，香港岛人，终于给我们爬过头啦，满不是味儿吧，哈！哈！哈！

千王之王

说到高层，就想起一种很有名的法国甜点，名字叫mille-feuille。我认识这种甜品是因为有一趟朋友生日，特别指明要一个mille-feuille生日饼。我当时当然不会知道什么是mille-feuille，后来找个懂法文的朋友一问才真相大白：mille-feuille 是法文 thousand sheets（好像有千页叠在一起）的意思，简言之就是千层酥饼。但我当时还没肯定mille-feuille与港式的“拿破仑饼”是否同一种甜点，因为港式的拿破仑饼跟原装的mille-feuille在外形上还是有颇大的差别。

一次在四季酒店Caprice试芝士的时候，餐厅经理告诉我他们将会在当年八月份推出一个特别的mille-feuille推介，我当然立即表示兴趣，因为这是一解我多年来对千层酥的疑团的最好机会。Caprice的甜品厨师长卢多维克·杜托（pastry chef Ludovic Douteau）先生是从巴黎来的顶尖糕点厨师，希望可以从他那儿一取“千页”经。采访当日，一踏足Caprice就见到一架精致的深色木雕餐车，上面放好了各式酱料鲜果奶油，一些深褐色的酥皮饼底，还有一碟已经装好上盘的mille-feuille。图6-1

以Caprice的奉餐风格，食物的陈设当然无懈可击，但据卢多维克说，其实在精研菜式时是要美貌与食味并重的。例如在这个让客人自选组合的千层酥饼车上，各有三种不同味道的奶油、鲜果和酱汁，加起来可以有27种不同的口味。不过，厨师们其实早已预先设计好，所有选料都不会在味道上互相冲撞，即使胡乱配搭也不会弄出一个难吃的千层酥饼来。当天卢多维克也有请我吃酥饼，在大厨面前我当然不敢造次，恭敬地由他为我配搭。结果当然是好像冲上云霄般美味。要特别提一提那mille-feuille饼底，原来卢多维克每天亲自制作两次，早一次午一次，因为早上做好的饼，过了午饭时间就已经变得不再松脆，所以下午要再做另一批来应付晚市。如此认真的新鲜制作，的确是人间难得几回尝。幸好酒店的公关经理悄悄告诉我，这个特别的mille-feuille推介将会由原本只限八月供应改为至九月底，这样就可以再多吃几次了。

图6-2

千差万别

说真的，很多时法国人有的饮食概念，中国人也大都会有，有时相映成趣有时异曲同工。就好像mille-feuille，其实也是一种puff pastry（酥皮）。中国饼食中也大量用到酥皮，只不过他们起酥用的是牛油，我们用的多为猪油，效果其实没有两样。不过，大家对千层的演绎就略有不同了。法国人用酥皮来代表千层，的确来得有些浪漫；中国人就贯彻实用精神，所谓“万丈高楼从地起”，千层点心也是从低至高建筑起来的。

传统的广东点心千层糕，大都是一层白、一层黄的白蒸糕与糖咸蛋黄相间而成的。虽然只有数层，但纤细处仍见精巧，也堪称手工美点，而且一点也不容易做得好。不知是否被太多粗制滥造的坏点心破坏了千层糕应有的美味印象，我上茶楼大多不会点千层糕，我的家人也不太喜欢它的咸甜混杂，所以也从来不会点。

月初到广州，临行前从一位当地的馋嘴鬼朋友处打听到一间有趣的新派茶居，名字有点造作，叫水沐莲清，听起来像素食馆子多于茶居。地方有点难找，外观也有点儿像澳门的赌场或夜总会。不过，许多时候祖国的东西都不太可以用香港人的尺度去衡量或猜度，始终有文化差别嘛。一踏进门，里边却是另一回事：用的全部是黑褐色的木制桌椅门窗楼梯栏杆，古意盎然；每张桌上都有一个小炉，给客人烧开水沏茶，这是好兆头。点心纸上亦不乏有趣新奇的选择，但我的视线立刻就锁定在“摩登千层糕”上。

点心来了，那摩登千层糕简直叫人眼前一亮：颜色配合得很优美时尚，淡黄雪白粉绿中间夹着枣红。拿到面前来，

图 6-3

清香扑鼻，放进嘴里，心里立即想：中国人真的不争气，这个卖不到十元的糕如果落入日本人手里，稍加包装、质检、服务和宣传，立即摇身一变升价十倍，而且早已卖到不知哪儿的高档 food hall 去了。说真的，我敢说这件红豆馅淡绿茶香的清新糕点，不知要比同类的日式糕点强多少倍，却可惜未能发扬光大，令我只能在口福受惠之余轻叹半句无可奈何。唉……还是趁热多吃一件算了。

图 6-4

Caprice

中环金融街 8 号四季酒店

电话：852 31968888

水沐莲清

广州市天河区天河南二路六运六街 27-29 号 1 楼

电话：86 020 87531233

冰火两重天

有一天，也不记得是什么场合了，有人忽然提出一条问题，他忘记了中国古代神话中，除了神农氏、有巢氏、伏羲氏之外，还有一“氏”究竟是什么。大伙儿很努力地去想，可是一时三刻之间，竟然无人能够想起第四“氏”姓甚名谁。

答案是燧人氏。没错，就是这位（或者这群）传说中很聪明的古代人，发现了控制和运用火种的方法，令中国由茹毛饮血的蛮夷之地，进化成为知耻约礼的文明古国。这样说绝无夸张，而且有凭有据：早在春秋时期，当时有名的政治家管仲就提出了“仓廪实则知礼节，衣食足则知荣辱”的说法，即是说，肚子空空如也、“无啖好食”的话，根本就没有条件去搞文明搞礼义廉耻。有火煮食是其中一种令人类有别于一切其他飞禽走兽的行为。它大大改进了人类的饮食质素，是千古文明的起源。

中国文字之中，用来形容不同煮食方法的单字，数量听说是世界众语言文字中之冠。这当然不代表什么辉煌的成就，但至少显示出中国人自古以来都是馋嘴鬼这事实。当“吃”已经不只是为了要“饱”，而是被提升至另一层次，到达要去玩味去钻研，不断改革创新，去满足越来越复杂的社会结构和人们越来越刁钻的味感神经，烹饪就真正成为了一种专门的技艺，有人会日日夜夜都在动脑筋，想着如何可以弄出创新的菜肴。

煮食之法，不外乎用温度来改变食物原来的结构和质地，及将不同性质和用途的材料糅合起来，令完成品色香味美俱全兼有益身心，满足人们舌尖上的欲望。当烫口的食物吃惯吃腻了，又或者大热天时令人提不起食欲，聪明的厨子就想出了各种冰镇的菜式，来讨好食客们被宠坏了的嘴巴。

东 北 的 苹 果

说起来，冰镇这玩意儿原来又是我们伟大的祖先所发明的。刚才提到管仲，他大概有机会品尝过世界上最早的冷饮。早在三千多年前的商代，富有的人已经会在隆冬时节凿冰，把冰块保存在地下的冰窖中，留待炎夏之时用来制作消暑冷饮。到春秋战国时期，冷饮已经是诸侯们宴席上的一种潮流。这是二千多年前发生的事，实在是有点不可思议。

文化这回事，都是慢慢地从认识到了解到创造，然后又再认识了解创造，循环不息的过程一代接一代累积了经验和记录文案，好像沉积岩一样，经过点滴岁月才得以建筑而成。认识了冷热咸甜，用它们来创造了饮食文化的原型后，人当然不会就此罢休。于是，一段寻找新味觉的历奇旅程又再展开。

拔丝菜是中国东北的名菜，可以肯定地说，它是清朝时已经存在的一种烹调技巧成熟高明的小吃。拔丝的起源甚难考证，有关的传说可以追溯至唐代，李密邀魏徵饮宴，席间魏徵反客为主，借用了一道拔丝菜，暗示李密兵行不能急躁，应要从长计议的道理。不过，对于食客来说，哪管它历史有多源远流长，只要味道好，吃得过瘾，就是一道上菜。

拔丝的原理其实十分简单：用油和水混合白糖煮成稠浆，把用响油炸过的小件蔬果或肉丁等，放入热烫的糖浆里，令其表面上一层金黄的糖衣。成功的拔丝，最重要是能够做到拔得到丝的效果，这完全取决于煮糖浆的火候，煮得太老的话不但变了焦糖味，糖身也会变得硬脆，无法拔丝；相反，时间不够的话，糖浆太稀又无法挂在食物上，更谈不上拔丝的效果。

图 7-1

记得第一次吃拔丝时我大概只有五六岁。那是在一间香港的京菜馆吃的，是拔丝苹果。记得侍应生捧着一盘金黄色的糖衣苹果出来，旁边有一大碗水，水中有许多冰块。侍应眼明手快地把苹果放进冰水中，又立即取出，然后提醒我要快点吃。那件拔丝真是名副其实，放进口中一咬下去，外面薄薄的脆糖内还留有一层温热的糖浆未有被凝固，用筷子把刚被我咬断了的半件苹果拉离嘴边时，竟然还可以拔出丝来。这个水准的拔丝菜今天差不多是已没有可能吃到了。

拔丝源自东北，东北人豪爽亦不拘小节，他们吃拔丝的款式繁多，地瓜、土豆、山药最常见，用肉做的也有，而且他们也不把拔丝当饭后甜点，吃的时候也不用煞有介事地弄一盘冰水，随便用筷子夹起一件，看看桌子上有什么冷饮汽水之类，就直往杯里送。可能是这种豪气的吃法，启发了厨师们近年流行用忌廉苏打（cream soda）来代替冰水蘸食，说是可以令拔丝苹果拔丝香蕉等，增添一点额外的蜜香。

挪 威 的 庵 列

明明是已经炸得烫热的苹果，偏偏要放入冰水中冷冻，其实除了口感味道上的追求之外，那个把炸得金黄的热苹果，手忙脚乱地放入冰水中，之后立刻拿出来的过程，本身就是一场“秀”。秀作得精彩有趣，吃的人对式样花款新奇的食物会更有好奇心，带有更多期望。尤其当有些太惯常会吃到的东西，如果能够来个全新面貌，换个幌子，就会令人重新对它产生兴趣。就算不是为了改造旧菜，也可以以此创新。

我想自从有餐厅以来，就有在客人面前做煮食秀这回事。这些秀大都不只是哗众取宠的把戏，许多都有其实际原因，譬如有些老派的西餐厅，若你点一客鞑靼牛肉，侍应就会推一辆小车到你面前，小车上载着组合一客鞑靼牛肉所需要的全部材料及器具。侍应会戴上白手套，端正地替你调味，过程中会询问你对酸甜苦辣咸味的喜好，及各样不同配菜的分量。最后，侍应灵巧地因应你的个人口味，完成一道替你度身定造的菜式，用近乎仪式性的身段把菜端到你的面前。“bon appétit”（祝你好胃口）侍应柔声的一句祝福语完成了整个表演，然后你就可以开始慢慢地品尝这种古典的奢华。

众多类似的现场表演中，我特别钟情在食客面前点火的那些把戏。你可能会立即想起中菜的“火焰醉翁虾”，法国菜的“Crêpe Suzette”（苏塞特可丽饼，通常在上桌时用火点燃酒来烧）或俄国菜的“Shashlik”（俄国串烧肉），这些都是经典的点火菜。不过，更上一层楼的，当然是能够冷热兼备如一味登上冰火五重天的“焗雪山”。这道曾经广为食客爱戴的经典甜品，有说是19世纪中，当时巴黎Grand Hotel的厨师chef Balzac，跟从中国到访代表团中一名中国大厨学的。中国大厨教chef Balzac怎样用面皮包着冰冻的材料来烘热外层，却能依旧保持馅料冰冷的方法。Chef Balzac 将外层改为用蛋白泡，把这道新菜命名为“omelette surprise”，又名“omelette á la norvégienne”，名字中加入挪威是对中间有冰冻雪糕的联想，跟我们的“星洲炒米”一样，只是一相情愿的刻板印象。

结果，这道可能是中法混血的甜品，在纽约得到了它最广为人认识的名字：“Baked Alaska”。这个名字跟“挪威的奄列”可说是同流合污，但起名者却称是为了纪念美国勇夺阿拉斯加州。今天的焗雪山，大都会先放一件清蛋糕作为地基，上面堆几个雪糕球，豪华一点可以在中间夹一些果酱或鲜果。然后把整座山用蛋白泡覆盖着，放进火熊的烤箱内急速烘烤，烤至表面微焦就成。这种焗雪山是没有喷火特技的，要喷火就要上桌时把点了火的朗姆酒盛于小碟中，放于山顶上来模仿雪火山，我就更喜欢直接把点了火的酒洒在雪山上，使之成为冰山大火，又过瘾又能令雪山倍添酒香。不过点了火的“Baked Alaska”其实是应该叫做“Bombe Alaska”，只不过今天的菜单都是得过且过，根本无人晓得分辨两者。说不定你到美国去吃这个菜，说出“Bombe Alaska”的话，侍应可能会被吓坏，连忙要报警求助，以为自己碰到要去炸掉阿拉斯加州的塔利班。

图 7-2

后 记

一口冰冷一口灼热的“口感”刺激，的确是餐桌上一样人见人爱的点子。“焗雪山”和“拔丝苹果”当然能够十分传神地演绎这种忽冷忽热的戏剧效果，但两者都可算是大费周章的功夫菜。其实有一种最经典而又平易近人的冰火五重天，就是 apple pie à la mode，即是苹果批加雪糕。这种用了法文起名，却百分百源自美国的甜品吃法，令本来性格内向的苹果批立刻变得活泼起来，也比原来配合 pouring cream 或 whipped cream 来吃多了一份未泯的童心。讲起童心，我最印象深刻的 à la mode，是有一次中秋前后到潘迪华姐姐家吃晚饭，甜品是粤式月饼。潘姐姐本人很爱吃，亦爱思考求创新，她发明了“moon cake à la mode”的吃法。烘暖了的莲蓉月饼配上香草冰淇淋，实在妙不可言，亦由此可见年近八旬但依然青春的潘姐姐可敬可爱之处。

祥记饭店
湾仔骆克道 75 号地下
电话：852 25290707

Jimmy's Kitchen Kowloon
尖沙嘴亚士厘道 29-39 号九龙中心地下 C 及 C1 铺
电话：852 23760327

咸甜冤家

没有翻查过有关资料，证明阴阳相对这概念是中国人最先提出，不过我相信这说法应该没错。世界的美在于两极平衡共存的和谐，这听起来好像十分理所当然的事，其实一点都不简单，最初能够去细心观察大自然，而归纳出这套理论的,着实是了不起的智者。要知道有月亮才会显得太阳温暖；有炎夏才会显得冬季冷艳；有白昼才会显得黑夜恬静；有幽谷才会显得山岭挺拔，我们的世界是依据这规律来运作的。

自然世界是这种定律的模范。看四时变化日月更替，乃至物种生命的相生相克，亿万年以来都是徘徊在一条平衡线上，不断地互相调整，达至中庸。人类不知何来的恩赐（或诅咒），有自由意志去漠视这种规律，创造了展现其欲望与智慧的成就，但同时亦要付出深远而沉重的代价，不但要自己的后代承受和偿还，也牵连一切无辜的众生。

过去千百年以来阳盛阴衰的人类发展史，产生和巩固了绝对的阳刚霸权。“夏娃是亚当的一根肋骨所衍生出来的附件”这个本来来自圣经的故事，被滥用而成为了女性（以及一切弱势社群）被逼害、被凌虐和被歧视的理据。我不是女性，也不是认真的社会学学生，不过对社会上阳性主流文化独大和许多人为的侵略性灾难，抱有好奇性的联系假设。诸如许多新纪元运动（new age movement）的追随者，都会认为男性过分主导，带来了社会上的侵略和过大的攻击性，抑压了太多感性的能量，因而导致多种不理想的社会现象，甚或严重至社会灾难。这种说法当然是太过偏激及简单，但其背后追求两极平衡的概念却并非全无道理可言。

我们祖先的触觉比我们其实要敏锐，思考也比我们浪漫和感性得多。在认识了宇宙万物无上的规律之后，祖先们从来都没有意图去与此抗衡，又或者有野心要去改变和控制这些定律；他们只有用敬畏和赞叹的情怀，去配合和善用大自然所赋予我们的一切。这样一来，人和大地之间没有矛盾，因而人和自身也不会那么容易产生矛盾，世界也能持久健全地运作下去。这听起来好像是空口讲白话，但其实是很真切的生活原则和信念。

铁汉柔情

中国人的抽象信念是可以在日常生活的一点一滴之中实践出来的，无论是文学、医学、书画，乃至武术、兵法、音乐、建筑及术数等等的范畴，处处都有阴阳调和与相生相克的道理在其中。饮食也一样，从材料的配合、颜色的对比、味道的经营，直到上碟的摆设和次序、菜肴款式数量的仔细设计，都一一体现着不同领域的相互平衡，显示对天地人心和谐共融的愿望。

我爸爸从我小孩时，就不断有意无意地教我烹煮的方法。他所教的我着实受用无穷，其中有许多的所谓“秘诀”，其实都是一些听起来好像不合情理，或者是意想不到的东西，就例如做甜品的时候加盐巴。

其实熟悉厨房二三事的人，一般都十分了解盐和糖的性格和她们一起所能做出来的美妙效果。她俩有如阴阳二极，互相制衡却又互相扶持，唇齿相依互补不足之处，彼此都一定需要对方的中和才能创造出能令舌头跳舞的人间美味。其实人也是一样，无论表现如何出众如何智慧过人，如果太过阳刚或者阴柔，总给人一种美中不足，说不出欠缺了一些什么的遗憾。最着眼包装的演艺世界就十分之了解这一点，试想想，为什么布鲁斯·威利斯除了在终极表现他的《虎胆龙威》之外，常常跟弱小可爱的童星一起演的戏会卖座？为什么两年多前的美国总统大选前夕，全世界的镜头都一致瞄准奥巴马为逝世的祖母流下的英雄泪？这些都是满足看官们对铁汉所显露出柔弱感性一面的渴求，是最美味的甜点中，隐身投入、画龙点睛的那一小撮盐花。

甜蜜中的硬朗

第一个学会要放盐才好吃的甜品是红豆汤，尤其用的是白砂糖，而不是味道较好的纯蔗糖。然后知道太妃糖和清蛋糕都有盐，也想起在家烧饭时，做咸味的菜也常常用糖来提味。在这些情况里，盐和糖都不是主角，作用只是蜻蜓点水般，担当了是一种无名英雄的角色。

后来，吃东西的经验多了，世界的饮食趋势和文化也在转变，更多富实验性的产品出现，厨师们也因为食客对味道和品质上的要求不断提高，因而更大胆地去尝试新的创意食品，有成功的也有失败的，但无论如何我想都是一种进步。

已经是几年前的事，有一次朋友从东京带来一盒其貌不扬的曲奇饼，向我大力推介，说这是他吃过最有特色的巧克力曲奇饼。此饼是由一间法国甜品厨师于 1998 年在日本东京开设的精品甜点专门店创造的，店名叫 Pierre Hermé。

当时这店的出现，是一种新的现象，因为法国餐饮不以巴黎为根据地，转移在东京创业，打响名堂之后才回归巴黎，再战世界其他城市。这除了说明一直以来充满自信的法国料理人，亦对东京这个新冒起的美食之都惺惺相惜外，也展示了法国餐饮商对拓展亚洲市场的兴趣和决心。

还是说回这曲奇。它的名字叫Sablés Chocolat (Sablés am ch et à la fleur de sel)，名字很长，大意是一种质地像 shortbread （奶油酥饼）一般的，含有巧克力和配上盐花来调味的小型饼食。顾名思义，这种甜点的卖点是盐花，它已经不再只是secret ingredient而已，而是光明正大地成为了这一小块饼干在食味上的主题。饼本身做得酥香松脆就不在话下，那盐巴也绝对不只是卖弄噱头，它很踏实地存在着，却没有丝毫浮夸抢镜之嫌，你仍然可以很坚定地说这是“甜食”，是有着一股娇美咸味的甜食。这一抹咸不但令这件饼食的味道在层次上更有趣，也令它的甜味更为突出，变成了一种经过精心调味的甜，多吃几块也绝对不会令人觉得甜腻。最贴切的形容，我能想到的就是一位带了绅士帽，身段丰满和拥有水汪汪眼睛的美丽女郎；又或者是一位气宇轩昂，笑起来牙齿整齐洁白，但穿上粉红色衬衫的大男孩，既俏皮又性感、既风流又有趣，真正是阴差阳错的典范。

后 记

真的不得不佩服日本人。有一次在电视上看到一出有关日本有名的酱油庄的纪录片，片中提到他们测试酱油的方法，除了好像品酒一般的试味方式，也会配合不同的食物如白米饭和豆腐等，来测试酱油的调味功效。其中一种比较令人意外的食品，是牛奶味的雪糕。看着主持人把小滴酱油淋在雪糕上，一口吃下去然后露出赞叹的神色，我心里立即就萌生出试吃酱油配雪糕的欲望。后来发现了一家叫“山川酿造株式会社”的酱油出品商真的推出了专门用来浇在雪糕上吃的酱油，立即托朋友从日本运了一支过来。那是一种加工调味质地浓稠的油膏，用的时候要很小心分量的控制，放得适量的话，的确会带出一种前所未有的新味道。那家出产雪糕用酱油的株式会社今年已经昂然进入三周年，还推出了纪念特别版，可惜从来没有见过香港有店铺够胆量入货。有兴趣的朋友，就只能下次去日本旅游的时候顺道去找找看。

图 8-1

たまりや酱油 -
山川酿造株式会社

www.tamariya.com
Tel：058 2310951

Boutiques
Pierre
Hermé Paris

东京都涉谷区神宫前 5 丁目 5 1 8 ラ.
ポルト青山 1F 150-0001, Japan
Tel：81 03 54857766

不散之筵席

先冒着帮自己卖广告的嫌疑，从一个访问谈起。这个在一个普通工作天的早上，在中环一家港式茶餐厅进行的访问，受访者正是小弟，皆因刚好有新书出版，访问主要是为了推广拙作。新书的内容,是饮食和文化之间的一些拉杂谈，所以访问的内容，自然也跟吃东西的经验有关。编辑先生那天因为堵车，所以迟到了差不多三十分钟，但他的事前功课做得相当深入充足，所以又有效率又言谈愉快。在茶餐厅的厢座，大家各自一杯港式饮料，四周坐着各式各样不同的食客，早餐后午饭前的中环心脏地段，有这样的一点悠闲自在，确实是意想不到。

我们的所谈当中，有许多是关于记忆的。记忆是一样很有趣的东西，我们每个人都有，但也因为各人的资历、年纪和生活圈子的分别而各有异同，当中的落差可以很大，甚至会各走极端。从理性的层面上看，我们好像不可以控制自己的记忆，有时候还会反过来被它控制着。然而，有关记忆的吊诡之处，正是表面上我们既被它支配，但同时又不自觉地筛选我们希望记得些什么，和想去忘记一些什么。我自己的体验是，无论发生了什么事，一旦日子久了，记不起来的肯定多不胜数，但记得清楚的，往往都是各种正面而美好的事。这些脑海里的片段和画面，都是毫不夸饰、轻描淡写地刻骨铭心，当中亦隐含着一个深切的提示：世界的一切都是观看者眼中的美丽祥和，我们是可以选择平安和快乐的。

有人会说这样是乐观；有人会认为这只不过是无可奈何而看化世情。但如我这般平凡的人，又岂是哲人智者？根本从来都未曾有过任何高尚的意图，只是有一天不知怎的就想起了这事情，发现了自己生活中一点微小的得着吧。这极其量只能说跟个性有关；是我的好胜、犬儒、贪生和好逸恶劳所变换成的一种生存伎俩，不带乐观不带悲观，不会坚持亦不懂看化，说穿了不过是自私心作祟。记忆是私家的，属于每个人自己的。有一天当我们发现，仿佛已经拥有一切令自己感觉良好的事物人情，然后难得安静下来独处静思，也许会明白到一切其实都是捕风捉影，一切都只是流水落花一般点缀了生命的一刻，之前是一片虚无，过后也不留痕迹。当孑然一身的空虚感突袭而来，本来脆弱的心灵在惊恐的心海中发慌似的四处乱抓，拼命想捉住一只半只救生圈，那时就会发现只有记忆是真正属于自己的。无论有多虚假，有多扭曲，它是我们存在的唯一证明。

所以，当编辑先生要问我，觉得什么餐厅好吃，可以推荐一些什么菜式，我只能答一句，其实我真的不懂。我不懂食物，不懂餐厅，最不懂的是人，唯一略懂皮毛的，是自己。四十多年来，自出娘胎那天起，几乎天天都要吃东西，食物当然是一样生命中最踏实的记忆。这记忆完全属于自己，是可以和别人分享，但很难让别人感受到，更不能求别人的认同。所以，自从开始了有关饮食文章的写作，我有一个很难以启齿的小秘密：平常最令我害怕的事，就是朋友同事们向我询问有关美味餐厅的信息。如果问题是由非常熟悉的人所发的，那样还好，因为可以根据他本人平常的喜好来猜想一下，找到正确答案的机会会大一点；又或者是和其他写饮写食的朋友，以交换消息的形式来互相推荐一些各人近日的心头好，因为大家都把它当做日常功课的一部分，会比较客观和理性地去观赏或者观摩。最难的，我个人就觉得是在社交场合中，新相识知道你是一个饮食文章的写字员，立即礼貌地向你请教饮食心得和探听餐厅信息，这时候我最是觉得为难。当然可以先反问别人平常喜欢的菜式口味，但请原谅我直接无礼，许多人其实都不知道自己喜欢吃某些食物的原因何在，有些更加不察觉自己的真正喜恶是什么。当然还有扮作口味开放或者扮作刁钻挑剔的，不过大多数人如此一问，其实都是出于一种礼貌。用别人的专长来打开话题本来是一种尊敬，也有许多人可以应付自如，滔滔不绝而言之有物。我却是个不折不扣的害羞胆小鬼和社交能力障碍症患者，听到这些问题，立即就变成面临大考的笨学生，手忙脚乱语无伦次，继而自信心大受打击，就算最后找到答案惊险过关，回到家里依然会因此讨厌自己，垂头丧气大半天。

所以，我很爱惜我喜欢的餐厅，视之如私人珍藏。我绝非不愿意去分享，但这些除了是一处满足口腹之欲的地方以外，对于我来说还是满载回忆和感觉的空间。我十分一厢情愿地把自己心灵的一小部分，如种子一般栽种在这些美好的餐厅内，用时光来灌溉，期待一天结出像回忆一样甜美的果实。这是爱的一种，可能是自爱，是自私的爱，甚至是自我溺爱。但生命的点滴，就是许多你栽种在不同的事情、不同的地方乃至不同的人身上的种子。在它们慢慢地生长的过程中，我找到了自我，明白了自我，征服了自我，于是我面向世界，迎接一切未知的将来。所以我实在不忍听到别人不喜欢我种下了感情的餐厅；这当然不是别人的问题，也十分明白人人各有不同喜好标准这个道理，只是在我脆弱的情感层面上实在于心不忍，就如父母很难接受别人对自己儿女的厌恶一样。即使那些厌恶之情如何地合理，但在那极为私人的情感区域中，无论如何也难以合情。

在这个栏目的终篇，回看过去几年访问过的餐厅，就有如翻开一页页的旧功课簿一样。看到了自己由不知道自己无知，到开始认识自己的无知，过程不无惊险，但却出奇地顺利。吃过的东西也不少，吃过了感受了消化了记住了，然后察觉到食物其实不只在于味道，味道升华了就成为记忆。在这条流着各式各样味觉质感的记忆长河上，有许多人情在漂流，有许多故事、许多笑声、许多交流、许多感激……我相信这是一种缘。相信因缘并非感性，相反地其实十分理性。因为缘分只能珍惜，不能执著。我尝试去明白为什么我要去吃这些饭写这些文字，希望能好好地把握机缘，做一丁点儿对自己和对别人好的事，回报在过程之中一切慷慨地漂游而来的人和情。

最后，我想不如重访一些在这几年间吃过写过的地方，好作为这个小栏目的一个小总结，亦可以看成为另一个章节的开端。在米其林人还未曾袭击香港之前，我曾经根据世界五十大餐厅的排名，访问过维港两岸遥遥相对的两处饮食圣殿。两处都曾先后打入世界五十强，两处都在当时刚好有新厨打稳了阵脚。今年，又恰巧两处都有另一新厨入主，好像预早安排好似的，真的是不去再多做一次两岸两食的题目，也对不起这微妙的机缘巧合。如此，又再把维多利亚港当成由西向东流的河；左岸的半岛酒店新翼顶层，依然现代色彩浓厚。在新任总厨，年青有为兼且有型有款的加地吉治先生主理下的Felix，丝毫没有脱下该处自开业以来，一直是全城最“酷”的饮食场所的这个形象，并充分利用了他本人的日籍背景融合法式烹煮技巧，在香港这个不乏新鲜有趣食材的小城市，创造了好像餐厅面向维港的落地大玻璃窗一样澄澈通明的新菜式。我常常觉得，设计菜单就有若设计时装造型；设计高级餐厅的菜单就是去处理高档品牌新季度的look一样，要小心选择材料、配合天时地利、还要估量目标客人的口味和心理，胆要大心要细。在这一切之上，最重要是保持一种独特的风味和风格，还要把厨师对食物文化的理念，温柔而笃定地在盘碗之间呈现。因此，认真经营的饮食是一种艺术，只有艺术工作者才会用这种方式来表达概念，及跟受众沟通交流。加地先生的菜，是否合你个人口味是非常难以估计的问题。但他的心力思维，是可以清楚地在每一款菜式中找得到的。他的新菜单，有如新一季度为Felix度身缝制的haute couture一样，把这个地方的灵气勾画出来，不矫饰不造作不抢镜，用充满了内涵的味道来烘托Felix这个地方的独特之处。每道菜都谦逊地展现了国际视野和触觉，这正是主打现代西菜的Felix所应有的口味。很高兴这历年来话题不绝，亦可算是一个现代香港传奇的餐厅，又再次遇到了一位令她衣履称身的良匠。

在对岸同样以一个人名来命名的Pierre，亦刚巧有新厨上任。不过对于绝大部份食客而言，到Pierre来吃饭，是为了幕后主脑人Pierre Gagnaire的创造力和名声而来的。Monsieur Gagnaire每年三次回到文华东方酒店顶楼他的香港分陀，每次都带来一些他不知道从哪儿得来的灵感，令他能调制出好像他本人一般，每每出人意表但又平易近人的新菜。过去三年，有许多次他来了，我都有乘机去订枱吃饭。令我毕生难忘的是有一次他玩蔬菜，其中一个主菜是一盆看似平平无奇的杂菜，中间有一小团深桃红色的，竟然是烟熏红菜头雪葩。那股烟熏味道浓烈异常，却天衣无逢地跟盆中其他蔬菜混为一体，合力冲击出一种崭新的复合味道，效果惊人，有若魔法一般教人着迷。这次他回来，跟新总厨Nicolas Boujema首度在香港Pierre推出白松露菜单，相信许多食客听到这个主题，都引颈以待。而对于我来说，白松露落在他手中固然是妙，但我觉得最妙的是他选择了香港，把他心力的一部份投资在这个外表开明和国际化，但实质依然守旧，视野和胸襟都狭窄的城市。为此我真心感谢他的错爱，天天祈祷品神，但愿他和他的团队不要被无知又自大的港人吓跑就好了。

我是幸运的，或者说我是非常有“食神”的，无端开始了这个文字专栏,无端遇到各种美食美人美事。好花不常开,食神不常来,但食物和人情的味道却可以在如水的记忆中长流,生生不息。其实天下间最珍贵最美味的,也不过是一堆化学原素的偶然复合体,没有所谓善恶好坏,有的都只是在人心。珍惜爱护自己和别人的心,自然会找到最能抚养灵魂和身躯的味道。祝愿如此美味时常与你我的心灵同在。

Felix

地址：香港九龙尖沙嘴梳士巴利道22号半岛酒店28楼

电话：852 23153188

Pierre

地址：香港中环干诺道中5号香港文华东方酒店25楼

电话：852 28254001

图书在版编目（CIP）数据

文以载食 / 于逸尧著. -- 北京 : 生活·读书·新知三联书店，2013.4

ISBN 978-7-108-04252-1

Ⅰ. ①文… Ⅱ. ①于… Ⅲ. ①饮食-文化 Ⅳ. ①TS971

中国版本图书馆 CIP 数据核字（2012）第 214229 号

责任编辑 肖小困 装帧设计 typo_d 协力 范晔文

出版发行 生活·读书·新知三联书店（北京市东城区美术馆东街 22 号） 邮编 100010 经销 新华书店

印刷 北京中印联印务有限公司 版次 2013 年 4 月北京第一版 开本 889mm×1194mm 1/32 印张 12

字数 200 千字 印数 0,001-8,000 册 定价 42.00 元